•科技服务林改实用技术丛书•

核桃丰产栽培实用技术

王　贵　主编

中国林业出版社

图书在版编目(CIP)数据

核桃丰产栽培实用技术 / 王　贵主编. —北京：中国林业出版社，2010.10（2015.6 重印）
（科技服务林改实用技术丛书）
ISBN 978－7－5038－5941－0

Ⅰ. ①核…　Ⅱ. ①王…　Ⅲ. ①核桃－果树园艺
Ⅳ. ①S664.1

中国版本图书馆 CIP 数据核字（2010）第 188545 号

责任编辑：刘家玲　张　锴

出　版：中国林业出版社（100009　北京西城区德内大街刘海胡同 7 号）
E-mail: wildlife_cfph@ 163.com　　电话：（010）83143519
发　行：新华书店北京发行所
印　刷：北京昌平百善印刷厂
版　次：2010 年 11 月第 1 版
印　次：2015 年 6 月第 4 次
开　本：850mm×1168mm　1/32
印　张：3.5
字　数：100 千字
印　数：13 001~16 000 册
定　价：10.00 元

“科技服务林改实用技术”丛书

编辑委员会

《核桃丰产栽培实用技术》

序

我国是一个多山的国家，山区面积占国土面积的69%，山区人口占全国人口的56%，全国76%的贫困人口分布在山区，山区农民脱贫致富已成为建设社会主义新农村的重点和难点。

山区发展，潜力在山，希望在林。全国43亿亩林业用地和4万多个高等物种主要分布在山区。对林地和物种的有效开发利用，既可以获得巨大的生态效益，又可以获得巨大的经济效益。特别是随着经济社会的快速发展和消费结构的变化，林产品以天然绿色的优势备受人们青睐，人们对林产品的需求急剧增长，林产品市场价值不断提升。加快林业发展，发挥山区的优势与潜力，对于促进山区农民脱贫致富，破解“三农”难题，推进新农村建设，建设生态文明，具有十分重大的战略意义。

我国林业蕴藏的巨大潜力之所以长期没有充分发挥出来，根本原因在于经营管理粗放、科技含量低。当前，我国耕地亩均产出已达686元，而林地亩均经济产出只有22元；世界林业发达国家的林业科技贡献率已高达70%～80%，而我国林业科技贡献率仅35.4%。特别是我国林业科技推广工作十分薄弱，大量林业科技成果未被广大林农掌握。加强林业科技推广，把科学技术真正送到广大林农手里，切实运用到具体实践中，已经成为转变林业发展方式、提高林地产出率、增加农民收入的紧迫任务。

实践证明，许多林业科技成果特别是林业实用技术具有易操作、见效快的特点，一旦被林农掌握，就会变成现实生产力，显著提高林产品产量，显著增加林农收入，深受广大林农群众的欢迎。浙江省安吉市的农民在种植竹笋时，通过砻糠覆盖技术，既提早了竹笋上市时间，又提高了竹笋品质，还延长了销售周期，使农民收入大幅增加。我国的油茶过去由于品种老化、经营粗放等原因，每亩产量只有3~5千克，近年来通过推广新品种和新技术，每亩产量提高到30~50千克，效益提高了10倍。据统计，目前我国林业科技成果已有5 000多项，但在较大范围内推广应用的不多。如果将这些林业科技成果推广应用到生产实践中，必将释放出林业的巨大潜力，产生显著的经济效益，为林农群众开拓出更多更好的致富门路。

近年来，国家林业局科学技术司坚持为林农提供高效优质科技服务的宗旨，开展送科技下乡等一系列活动，取得了显著成效。为适应集体林权制度改革的新形势，满足广大林农对林业科技的需求，他们又组织专家编写了“科技服务林改实用技术”丛书，这是一件大好事。这套丛书以实用技术为主，收录了主要用材林、经济林、花卉、竹子、珍贵树种、能源树种的栽培管理以及重大病虫害防治技术。丛书图文并茂、深入浅出、通俗易懂、易于操作，将成为广大林农和基层林业技术人员的得力帮手。

做好林业实用技术推广工作意义重大。希望林业科技部门不断总结经验，紧密围绕林农群众关心的科技问题，继续加强研究和推广工作；希望广大林业科技工作者和科技推广人员，增强全心全意为林农群众服务的责任心和使命感，锐意进取，埋头苦干，不断扩大科技推广成果；希望广大林农群众树立相信科技、依靠科技的意识，努力学科技、用科技，不断提高科技素质，不断增强依靠科技发家致富的本领。我相信，通过各方面共同努力，林业实用技术一定能够发挥独特作用，一定能够为山区经济发展、社会主义新农村建设做出更大贡献。

贾治邦

2010年9月

前 言

核桃是我国主要传统经济树种之一，栽培历史悠久，分布范围广泛，在国民经济中占有重要位置，特别是在我国广大农村的丘陵山区，是农民的主要经济生活来源，也是农民脱贫致富奔小康的支柱产业。近年来，国内的销售量每年以15%左右的速度增加，核桃商品市场行情看好，一路上扬，一些优良品种的销售价格已高出美国核桃的销售价格。特别是核桃新品种的育成，科学技术的进步，刺激了发展这一产业的积极性。另外，我国核桃的栽培体制也发生了根本性变化，一些公司和个体户大量承包土地和荒山，有些单位采用公司加农户、有些乡村采用合作社或协会的形式联合开发，形成各种类型的核桃产业，如核桃园、核桃苗圃、核桃加工厂等等，经营方式多种多样。土地承包期限从30年到50年，有的甚至100年。这就可以看出传统的核桃产业已经焕发出了新的生机，企业在寻求一种有效利用资源、长期共同致富的新型合作方式。随着我国GDP的不断增长，人民生活水平不断提高，市场对核桃的需求量也在逐年增加。本书将为生产者提供全新的品种介绍和丰产栽培管理技术，以获得更好的核桃产品和经济效益。

编著者

2010－08

目　录

第一章　我国核桃生产现状与发展趋势

一、生产现状

（一）栽培面积与产量

我国核桃的面积和产量提高较快，与1980年相比，面积增加到3 000多万亩（1亩=1/15公顷，下同），总产量达到82.86万吨，增加了6倍，这反映了我国农业产业结构有了较大的调整，农民发展核桃的积极性和管理技术水平有了进一步的提高（表1－1）。

表1－1　1980～2008年中国核桃产量统计表

年份	产量（t）	年份	产量（t）	年份	产量（t）
1980	118 900	1997	249 834	2003	393 529
1985	121 917	1998	265 121	2004	436 862
1989	160 053	1999	274 246	2005	499 074
1990	149 560	2000	309 875	2006	475 455
1995	230 867	2001	252 347	2007	629 986
1996	237 989	2002	340 147	2008	828 635

资料来源：《中国统计年鉴》

近年来我国核桃产量增加较快，不仅总产量增加，各生产省份的消长情况也有较大变化。云南、四川、陕西、新疆的发展速度较快，特别是新疆，1996年产量为6 695吨，2008年提高到80 997吨，增加了11倍（表1－2）。

表 1-2 2008 年各省、自治区、直辖市核桃产量及份额

省份	产量（吨）	份额（%）	省份	产量（吨）	份额（%）	省份	产量（吨）	份额（%）
云 南	198 630	23.97	河 南	41 067	4.96	湖 北	4 170	0.50
四 川	91 170	11.00	山 东	39 704	4.79	湖 南	3 945	0.48
陕 西	84 590	10.21	浙 江	18 189	2.20	广 西	701	0.08
新 疆	80 997	9.77	贵 州	14 549	1.76	天 津	546	0.07
河 北	61 590	7.43	北 京	13 230	1.60	江 西	511	0.06
山 西	61 414	7.41	安 徽	13 101	1.58	青 海	195	0.02
甘 肃	42 554	5.14	重 庆	8 909	1.08	黑龙江	148	0.02
辽 宁	42 122	5.08	吉 林	6 569	0.79	宁 夏	24	0.003

资料来源：《中国统计年鉴》

（二）栽培管理体制与栽培模式

我国核桃栽培管理体制从 1978 年开始有了新的改变，特别是进入 21 世纪以来，一些较大的公司、个体专业户开始承包土地和荒山，规模较大，从几十公顷到几千公顷，在技术和资金方面也很重视，规模和效益在不断增加；栽培模式多为集约化经营，一些核桃基地县在整体规划中安排了不少面积的林粮间作。由于核桃新品种的育成，经济效益较以往明显增加，所以栽培者栽植密度较大，一般株行距为 3～5 米×4～8 米。

（三）栽培品种及分布

我国栽培核桃分实生核桃和品种核桃两大类。实生核桃的比例较大，面积约占总面积的 60%，产量约占总产量的 80% 以上；品种核桃主要是近 15 年来新栽植的，面积虽然约占 40%，但产量比例较少，基本上属于礼品核桃，在市场上刚刚看到以品种销售的情况。

我国核桃品种依据结果早晚分为早实型核桃和晚实型核桃，品种分布与品种选育地（引种地）有着密切的关系。如新疆维吾尔自治区栽培的主要品种为扎 343、温 185、新早丰、新新 2 等；

华北、华中及西北地区各省栽培的品种主要有辽宁1号、辽宁7号、中林1号、中林3号、中林5号、香玲、鲁光、薄壳香、北京861、薄丰、西扶1号、西林2号等早实型品种和晋龙1号、晋龙2号、礼品2号、清香、西洛1号、西洛3号等晚实型品种；云南、贵州等地栽培的品种主要有云新1号、云新2号等早实型品种和大泡核桃、米甸薄壳泡核桃、漾江1号等晚实型品种。

（四）核桃园管理与经济效益

我国核桃栽培历史悠久，传统的林粮间作或地埂栽培核桃，形成了长期粗放管理，重种地轻管树。但过去用种子繁殖的晚实型核桃树寿命较长，病虫害较少，而且老树更新能力强，虽然结果较晚，但进入盛果期后仍有较好的经济收益。百年生核桃单株产量可达50~100多千克，经济寿命长达300多年。

进入21世纪以来，我国在上世纪90年代建立的规范化核桃品种园陆续开始结果，农民开始重视核桃园的管理，经济效益显著提高。如早实品种矮化密植园，由于结果早、丰产性较强，即从第三年开始结果，第四年可株产1~2千克，6年生可株产3~6千克，10年生树可株产6~10千克。盛果期核桃园可达到亩产量200~300千克，产值达6 000~8 000元。投入产出比为1∶3~4。有些核桃园管理粗放，投入不够，致使优良品种的特性得不到表现，产品质量低下，树势逐渐减弱，有些成为小老树，影响了核桃园的持续经济效益，这应当引起栽培者的高度重视。

（五）我国核桃的出口概况

1996年以来，我国核桃出口量有所减少，坚果出口1 500吨左右，果仁出口10 000吨左右。其中，坚果出口量减少了9.1%，核桃仁出口量减少了12.95%，反而进口数量增加了50.6%。这说明我国的内需逐年增加，国际市场竞争之激烈，迫使我们不得不加大力度、加快科技进步，发展良种，尽快以优质核桃占领自己的市场。

二、发展趋势

（一）栽培体制集中化

1985 年农村土地管理体制改革以来，核桃树同其他果树一样，树随地走，老树依然延续旧的管理模式。20 世纪 90 年代以来，农民在自己的土地上建起了核桃品种园。由于我国农村人口多，土地少，核桃园面积很小，而且农户之间不完全连接，栽培很分散，栽植方向、密度、品种选择等均不规范，这给核桃园的科学管理带来很大不便，所以说今后我国核桃栽培体制的改革趋势是土地集中化。核桃产区通过组建合作社、公司 + 农户、专业户承包土地等各种形式使土地集中管理，统一规划栽植、统一经营管理来提高核桃园的经营效益。

（二）栽培品种良种化

我国核桃良种选育从 20 世纪 50 年代开始，经过大范围资源普查，长期多次选优与杂交，截至目前为止，我国通过省级以上科技部门鉴定和管理部门审定的核桃品种有 60 多个，20% 约为晚实型品种，80% 为早实型品种。由于核桃的繁殖技术在 20 世纪末才得以攻克，所以核桃的无性繁殖后代出现较晚，数量较少，进入 21 世纪初才加快良种化的步伐。核桃品种经过从无到有，由少到多，由多到少的过程。目前我国大量栽培的品种为 20 多个。在一个地区主栽品种应当为 6 ~ 8 个。栽培品种良种化是指在一定的立地和栽培条件下表现最佳的品种。良种具有较严格的地区性和时间性。如在平川栽培是优良品种，而在山区就不一定是良种，相反适宜山区栽培的良种在平川不一定是良种；早期选育的品种到现在不一定是良种，有许多品种已经被淘汰。各地应根据当地的条件选择不同类型条件下栽培的优良品种。同时要考虑到早、中、晚熟品种的搭配，便于采后工作的安排。

（三）栽培条件严格化

良种、良法是科学栽培的必然要求。我国从 21 世纪大量栽培优良品种以来，核桃产业的发展势头十足，但是也出现了一些不可忽视的问题，如品种混杂、草率建园等等，因此，这里提出栽培条件严格化是非常重要的。近年来不适地适栽的情况到处可见，如将核桃栽在山头上和风口处，适宜水地栽培的品种栽在干旱、半干旱丘陵区等等。由于不能正确选择立地条件，致使不能适龄结果、晚霜危害严重，或品种优良特性得不到应有的表现，甚至出现小老树和早期死亡。因此郑重提出栽培条件要严格化。核桃虽是适应性较强的品种，但由于它是经济树种，有产品质量和经济效益的要求，要经济核算，因此，一定要坚持适地适树的原则，科学栽培。

（四）栽培管理标准化

我国核桃栽培的管理趋势是标准化。过去我们在管理方面十分粗放，科技培训较少，核桃商品率很低，经营效益滞后、低下，影响了农民发展核桃产业的积极性。近年来，我国加强了标准化工作，先后颁布了若干个国家标准、行业标准和地方标准，这对我国核桃产业的发展十分有利。希望各地在技术培训时注重标准化工作的实施，这样可使全国的核桃技术指导有章可循，有利核桃产业的发展健康有序。

（五）销售标准国际化

我国进入世界贸易组织（WTO）以来，对各类产品的生产提出了较高的要求，核桃商品走国际化的道路是销售的总趋势。过去我国核桃一直是出口创汇商品，近年来，由于内需较大，出口数量有所下降。随着核桃产业的不断发展，产量和品质将会不断提高，产量的提高更加要求质量标准化，而质量的标准化是建立在核桃园标准化管理基础之上的。因此说要实现销售核桃标准化不是轻而易举的事情，集团化大规模生产与传统的小农经济具有本质的区别，各地应当高度重视，做到科学安排，统筹管理。

第二章　核桃主要适生分布区和主要用途

一、核桃主要适生分布区

核桃属于温带树种，分布很广，除黑龙江、吉林等省外，其他大部分地区均有栽培，其中年产量较高的有云南、山西、陕西、河北、河南、北京、新疆、四川、山东等省（自治区、直辖市）。核桃适宜的温度范围为年均温 9～15℃，日平均气温达 9℃以上时开始萌动，14～15℃以上时进入花期。当冬季气温下降到零下 25℃时，枝条发生冻害，但不致死亡，其最低临界温度是零下 31℃。6 月持续高温，核仁会变黑。夏季当温度升到 38℃以上时，生长停止。如遇干旱则易发生日烧。采收期若温度高于 32℃时会降低核仁质量。年降水量在 500～700 毫米时，如雨量分布均匀，可以满足核桃年生长发育对水分的需要，否则须灌水，全年至少需灌2～3 次。核桃属于喜光、深根性树种，喜欢深厚、肥沃、疏松的土壤。排水不良或长期积水会造成核桃根系生长不良或窒息而死。秋季雨水过多会引起外果皮早裂，种皮变色而发霉变质，影响核果质量。

二、核桃主要用途

核桃坚果是一种国际公认的营养保健食品，核桃树也是重要的木本油料果树，其树皮含甙、鞣质，可提取鞣质，制栲胶，树皮纤维是人造棉和造纸的原料；果实及叶含有丰富的维生素，叶含槲皮素、异槲皮素；其木材坚实，纹理直，有光泽，不翘不裂，可制枪托、航空器材、车工、雕刻及珍贵家具等用品；内果皮可作活性炭；叶及果皮可作农药，核桃内外果皮还可供药用，治疗肾虚与肝炎。

1. 核桃仁营养成分

据测定，每百克核桃仁含优质脂肪 63 ~ 70 克，蛋白质14. 6 ~ 25 克，碳水化合物 5. 4 ~ 10. 0 克，磷 280 毫克，钙 85 毫克，铁 2. 6 毫克，钾 3. 0 毫克，维生素 A 0. 36 毫克，维生素 B1 0. 26 毫克，维生素 B2 0. 15 毫克，烟酸 1. 0 毫克，核黄素 0. 11 毫克，尼克酸 1. 0 毫克，硫胺素 0. 17 毫克。

核桃仁蛋白质中含有 17 种氨基酸，其中有 8 种是人体自身不能合成而需从饮食中获得的必需氨基酸。核桃仁中的氨基酸含量比较丰富，以谷氨酸（3 549 毫克/100 克）、精氨酸（2 621 毫克/100 克）、天冬氨酸（1 656 毫克/100 克）和亮氨酸（1 268 毫克/100 克）居多。蛋白质含量一般为 15%，最高 29. 7%，因其消化率和净蛋白比值较高而系优质蛋白。核桃还含有多种矿物质磷、钾、镁、钙、铁、硒等。此外，它还含有维生素 E、肌醇、咖啡酸等。核桃不仅有丰富的营养，更有补脑健脑作用，核桃脂肪中的磷脂对大脑神经尤为有益，患有神经衰弱的人坚持食用核桃，疗效显著。核桃中维生素 E 对人体具有防止老化的作用。

核桃脂肪油主要成分是不饱和脂肪酸，约占总量的 90%。酸值为 0. 5 ~0. 9，脂肪酸平均分子量为 273 ~276，百分组成为：棕榈酸约 8%，硬脂酸 2%，油酸 18%，亚油酸 63%，α－亚麻酸 9%，肉豆蔻酸 0. 4%。其中亚麻酸是人体必需的脂肪酸，也是组成各种细胞的基本成分，而且能够调节新陈代谢，维持血压平衡；亚油酸还有降低血清胆固醇的作用。总之，核桃脂肪富含人脑必需的脂肪酸，是优质的天然“脑黄金”，对人体极为有益。

2. 核桃医疗保健作用

核桃植株全身都是宝，除其果仁可食用外，核桃枝、核桃花、核桃外皮、核桃壳、核桃叶等还可入药，在传统的药膳中有核桃枝南瓜蒂汤，核桃枝煮鸡蛋等，有疏肝理气、开郁润燥、散结解毒等功能，适于治乳腺癌、胃癌及由痰气交阻导致的食道癌，核桃花町剂可治疣子。一些地区将核桃花作为蔬菜食用，有的地方则作饲料用。核桃花营养较为丰富和全面，特别是蛋白质高达21%，钾、铁、锰、锌、硒及β－胡萝卜素、核黄素、抗坏血酸、维生素E等含量较高，是一种较好的天然营养保健食品资源，加上它数量多而集中和有传统的食用习惯，很值得进一步研究开发和利用。

第三章　核桃良种介绍

一、我国核桃品种的选育过程

我国核桃选（育）种工作起步较晚，20 世纪 50 年代开始资源调查，60 年代开始进行国内引种栽培，70 年代开始大面积选优，80 年代随着嫁接技术的改进，各科研单位开始培育和推广新品种，普及推广增产技术，现在，已选育出各类优良品种 60 多个。

国内引种开始于 1959 年，在北京林学院王林教授的倡导和推动下，开展了新疆早实核桃良种引种工作，全国各核桃产区相继引种，经过多年栽培、观察、选择等多方面研究，对新疆核桃的生物学、生理生态特征有了进一步的了解，从引入的类型或株系中选育出不少适宜于当地生态环境栽培的优良品种和株系，如山东选出的“上宋 6 号”、“元丰”等，河南选出的“绿波”，北京选出的“薄壳香”、“京 861”等，都是我国当时栽培的主要品种。

国外引种主要是在 20 世纪 80 年代以后，中国林业科学研究院等单位从美国等国家引入维纳（Vina）、爱米格（Amigo）、强特勒（Chandler）、希而（Serr）等品种。20 世纪 90 年代后期，山西省林业科学研究院从罗马尼亚引进 Sibisel 44、Geoagiu 65 等 9 个品种。

核桃的选优工作以辽宁省经济林研究所和中国林业科学研究院等单位开展较早，他们在 20 世纪六十年代初，分别在辽宁、山西进行了大量核桃选优工作，并选出若干优良株系，有的被引到其他地区栽培；70 年代开始，山东果树研究所、陕西果树研究所、西北林学院、北京林业果树研究所、河北昌黎果树研究所、新疆林业科学研究院、山西林业科学研究所、云南林业科学研究所等单位相继在本省（地区）内进行了较全面的核桃选优工作，分别选出了适合当地栽培的优良单株或优良品种，如山东果树研究所选出的历 59－126、历 60－307 等鸡爪绵核桃，山西的晋龙系列核桃和晋绵系列核桃，辽宁的7103，陕西的西扶 2 号，新疆的新早丰等都已经在当地或其他地区推广。

在引种和选优的基础上，各地积极开展人工杂交育种。其中，以辽宁经济林研究所开始较早，他们于 20 世纪 60 年代中后期开始至今，通过杂交，选育出辽宁 1 号、辽宁 3 号、辽宁 4 号、寒丰等优良品种；山东省果树研究所先后杂交培育出香玲、丰辉、鲁光、岱香等优良品种；中国林业科学研究院杂交培育出中林 1 号、中林 3 号、中林 5 号等优良品种。这些品种的主要特点是结果早、早期丰产性强、出仁率高，果壳薄、取仁容易，品质优良。

以上各类品种或优系的选出，极大地丰富了我国的核桃品种类型资源，为我国核桃品种化栽培提供了良好的条件。

二、晚实核桃主要品种坚果品质与特性

1. 晋龙 1 号

1990 年由山西林业科学研究院刘文德等选育并命名。2001 年通过山西省林木品种审定委员会审定。

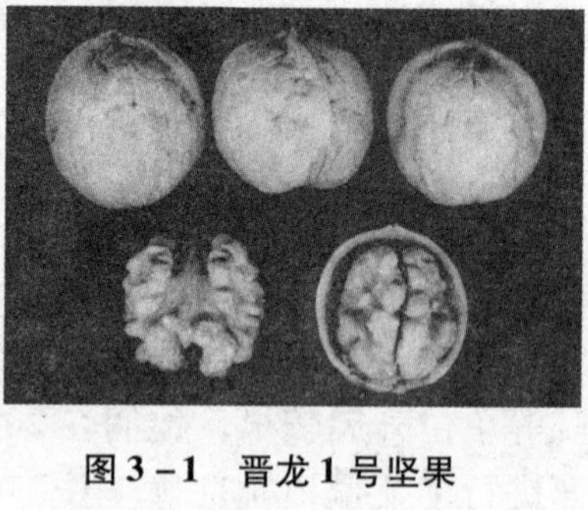

图 3－1　晋龙 1 号坚果

坚果圆形，平均果重 14.8 克。壳面较光滑，有浅麻点，色浅；壳厚 1.09 毫米，缝合线窄而平，结合较紧密，易取整仁。核仁平均重 9.1 克，出仁率 61.34%。核仁饱满，乳白色，风味优良（图 3－1）。

嫁接树第 3～5 年开始结果，10 年后进入盛果期。树姿较直

立，节间长。发芽较晚，雄先型。该品种适应性强，抗病性强，开张角度至85°可提高前期产量。坚果品质优良，适宜在黄土丘陵区及山地林粮间作栽培。

2. 晋龙2号

1994年由山西林业科学研究院王贵等选育并命名。2001年通过山西省林木品种审定委员会审定。坚果圆形，平均重15.9克。壳面光滑，色浅；壳厚1.22毫米，缝合线窄而平，结合紧密，易取整仁。核仁平均重9克，出仁率56%。核仁充实饱满，乳黄色，风味优良（图3–2）。

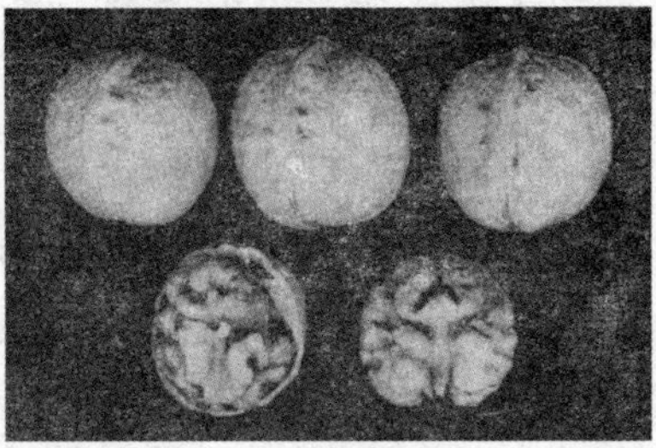
图3–2 晋龙2号坚果

嫁接树第4~5年开始结果，8年后进入盛果期。树势旺盛，树姿较开张，小枝粗壮，深褐色，节间长。发芽较晚，雄先型。该品种适应性强，较抗晚霜，抗病性强，早期丰产，坚果品质优良，适宜在黄土丘陵区及山地林粮间作栽培。

3. 西洛3号

西北林学院高绍棠等1974年从洛南实生核桃树中选出，1978年开始无性系测定，1987年优树通过省级鉴定并定名。

坚果圆形，平均重14.1克。壳面较光滑有浅麻点，色较深，缝合线窄而平，结合紧密，易取整仁。核仁平均重7.9克，出仁率56%。核仁充实饱满，色浅，风味优良（图3–3）。

图3–3 西洛3号坚果

嫁接树第3~4年开始结果，7年后进入盛果期。树势旺盛，树姿较开张。发芽较早，雌先型。

该品种适应性强，早期丰产，耐干旱，抗病性强，适宜在黄土丘陵地区及山地栽培。

4. 礼品 2 号

辽宁省经济林研究所刘万生等从新疆纸皮核桃中选出，1989 年定名。

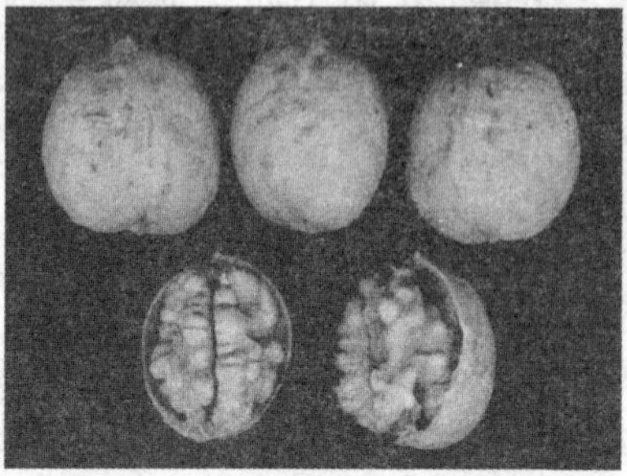
图 3－4 礼品 2 号坚果

坚果大，长圆形，顶部和底部略歪，果形不正。平均重 13.5 克，纵径 4.1 厘米，横径 3.6 厘米，侧径 3.7 厘米。壳面光滑，色浅。缝合线窄而平，结合紧密，用手指即可捏开。壳厚 0.7 毫米，露仁，极易取整仁，出仁率 67%以上，仁色较浅（图 3－4）。

树体中等，分枝力较强。一年生枝绿褐色。嫁接苗第 3～4 年开始结果，雌先型，中熟品种。中短果枝结果，座果率 70%以上，多双果，常在 1 个总苞中有 2 个坚果。晋中地区 4 月上旬萌芽，4 月底雌花盛期，5 月上旬雄花盛期，9 月上中旬果实成熟，10 月底落叶。丰产抗病。可在肥水条件较好的地区矮化密植栽培。

5. 清香

日本清水直江从晚实核桃实生群体中选出，1948 年登记。1983 年由河北农业大学郗荣庭等从日本引进。

图 3－5 清香坚果（张志华提供）

坚果近圆锥形，单果平均重 14.3 克，果个大小均匀。壳面光滑，淡褐色，果形美观。缝合线结合紧密，耐漂洗。壳厚 1.20 毫米，内褶壁与横隔膜退化，取仁容易，种仁饱满，出仁率55%左右，仁色浅，味香，不涩。种仁含蛋白质23.1%，粗脂肪65.8%，维生素B6平均含量10.5毫克，维生素B2平均含量0.08毫克（图3－5）。

河北地区4月上旬萌芽、展叶，中旬雄花盛期，4月中、下旬雌花盛期，9月中旬果实成熟，11月初落叶。耐寒、抗病、抗晚霜。该品种宜在华北、西北等地丘陵山区发展。

6. 漾江1号

云南省漾濞县林业局杨源等选出，于2006年通过云南省科技厅鉴定，同年通过云南省林木品种审定委员会审定。

坚果扁圆形，两端较平，尖端钝尖，三径为3.3厘米×3.8厘米×4.0厘米；壳面较光滑，刻点少、小、深，缝合线较平，紧密；单果重13克左右，最大16.5克；壳厚1.0毫米；内隔和内褶退化，纸质，极易取整仁，出仁率55%左右；仁饱满，黄白色，味香，脂肪含量71.06%～73.17%，蛋白质含量13.24%～16.08%。外观较好，仁特饱满，果（较光滑）仁（特饱满）兼优（图3－6）。

图3－6 漾江1号坚果
（杨源提供）

树势较旺，树姿半开张，枝条粗壮，分枝力较强。侧生混合芽比率为73.6%。每雌花序多着生3朵雌花，座果率78%。嫁接苗第三年可开花，6年进入初结果期，18年生单产47.9千克，每平方米树冠垂直投影面积产仁量258克。雄先型，中熟品种。抗逆性优于大泡核桃。适宜在云南、贵州等地发展。

三、早实核桃主要品种坚果品质与特性

1. 香玲

1989年通过国家鉴定的首批早实核桃新品种，由山东省果树

研究所王钧毅等杂交育成。

坚果卵圆形，单果平均重13.2克。壳面光滑美观，壳厚0.9毫米左右，可取整仁，出仁率65.4%，核仁颜色浅，香而不涩，品质上等（图3-7）。

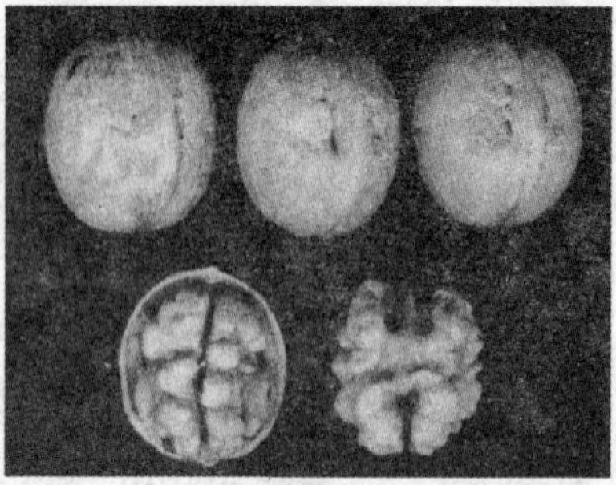

图3-7 香玲坚果

树势较旺，树冠半圆形，分枝力强，侧生混合芽比率85.7%，嫁接后第二年开始结果。雄先型。果实8月下旬成熟，10月下旬落叶。该品种适应性较强，较丰产，易嫁接繁殖，坚果美观，宜带壳销售。适宜在山区、平原土层深厚的地区栽培。

2. 鲁光

1989年通过国家鉴定的首批早实核桃新品种，由山东省果树所王钧毅等采用卡卡孜（晚实）作母本，用上宋6号（早实）作父本杂交育成。

坚果卵圆形，平均单果重12.0克，最大15.3克，三径平均3.76厘米，壳面光滑美观，壳厚1.07毫米，缝合线较紧，可取整仁，出仁率56.9%，仁色浅，风味香（图3-8）。

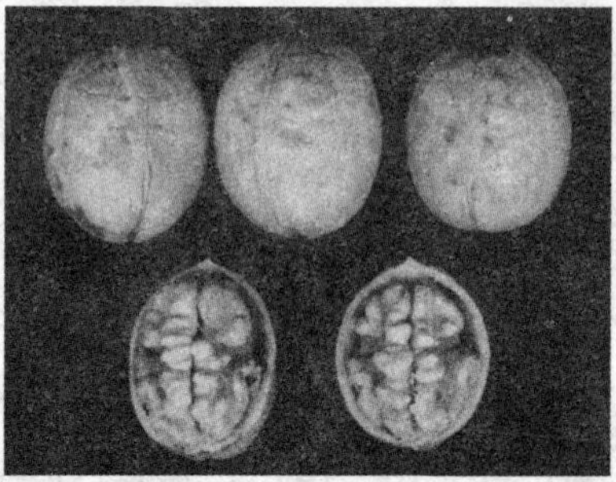

图3-8 鲁光坚果

植体生长健壮，树姿较开张，分枝角65°左右，树冠圆头形，叶片较小，灰绿色，属雄先型，中熟品种。分枝力2.08个，新梢平均长5.0厘米，粗0.5厘米，果枝率51.81%，果枝平均坐果1.49个，按树冠垂直投影面积计算，每平方米产仁量0.19千克。晋中地区4月上旬萌芽，5月上旬雌雄花盛期，雄花较雌花早开放2~4天，9月中旬果实成熟，

10月底落叶，果实发育期120天，营养生长期210天。该品种特别丰产，品质优良，适宜在肥水条件较好的地方集约化栽培。

3. 岱香

山东省果树研究所张美勇、徐颖等用早实核桃品种辽宁1号做母本，香玲为父本进行人工杂交而获得，2003年通过山东省林木品种审定委员会审定并命名。

坚果圆形，浅黄色，果基圆，果顶微尖。壳面较光滑，缝合线紧密，稍凸，不易开裂。内褶壁膜质，纵隔不发达。坚果纵径4.0厘米，横径3.60厘米，侧径3.18厘米，壳厚1.0厘米。单果重13.9克，出仁率58.9%，易取整仁。内种皮颜色浅，核仁饱满，黄色，香味浓，无涩味；脂肪含量66.2%，蛋白质含量20.7%，坚果综合品质优良（图3－9）。

图3－9 岱香坚果

树姿开张，树冠圆头形。树势强健，树冠密集紧凑。新梢平均长14.67厘米，粗0.83厘米。平均节间长2.42厘米。分枝力强，为1∶4.3。侧花芽比率95%，多双果和三果。嫁接苗定植后，第一年开花，第二年开始结果，正常管理条件下座果率为70%。雄先型。在泰安地区，3月下旬发芽，9月上旬果实成熟，11月上旬落叶，植株营养生长期210天左右。其雌花期与鲁丰等雌先型品种的雄花期基本一致，可互为授粉品种。品种对比和区域试验表明，其适应性广，早实、丰产、优质。在土层深厚的平原地，树体生长快，产量高，坚果大，核仁饱满，香味浓，好果率在95%以上。

4. 鲁果2号

由山东省果树研究所张美勇、徐颖等从新疆实生群体中选出，2007年通过山东省林木品种审定委员会审定并命名。

坚果单果平均重14.5克，柱形，顶部圆形，基部一边微隆，一边平圆；壳面较光滑，有浅纵纹；淡黄色；缝合线紧而平，壳厚0.8~1.0毫米，易取整仁，出仁率59.6%。核仁饱满，色浅味香，其蛋白质含量22.3%，脂肪含量71.36%，综合品质优良（图3-10）。

图3-10 鲁果2号坚果

树势强，生长快，雄先型。嫁接苗第二年开花，高接树第二年结果。母枝分枝力强，座果率68.7%，侧花芽比率73.6%，多双果和三果，以中长果枝结果为主，丰产、稳产性强。但前期生长旺盛，产量较低，随树龄增大产量增高，生长减慢，产量增加，嫁接树6~8年进入丰产期。

5. 辽宁1号

1989年通过国家鉴定的首批早实核桃新品种，由辽宁省经济林研究所刘万生等用新疆纸皮作母本，用河北昌黎大薄皮作父本杂交育成。

坚果中等大，平均单果重11.1克，最大13.7克，三径平均3.3厘米，壳面较光滑美观，壳厚1.17毫米，缝合线紧，可取整仁，出仁率55.4%，仁色浅，风味香，品质上等（图3-11）。

植株生长中庸，树姿开张，分枝角70°左右，树冠呈半圆形。8年生树高4.8米，干径粗14.9厘米，冠幅直径4.3米，分枝462个，最多达710个。侧芽形成混合芽达90%以上。1年生枝常呈灰褐色，粗壮，节间短，果枝短，属短枝型。芽肥大饱满，

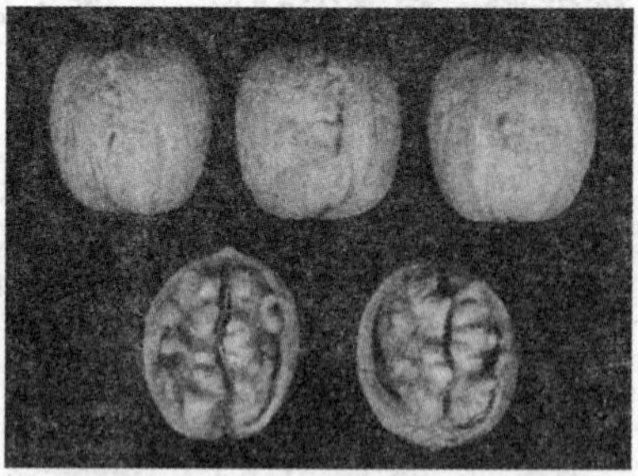

图3-11 辽宁1号坚果

呈阔三角形或圆形，有时有芽座。座果率60%以上，多双果或三果。

辽宁大连地区4月中旬发芽，5月上旬雄花散粉，5月中旬雌花盛期，属雄先型。6月上旬抽生二次枝和二次雄花序，6月中旬二次雄花散粉，9月下旬坚果成熟，11月上旬落叶。较抗寒、耐旱、抗病性强。可在肥水条件较好的地方矮化密植栽培。

6. 寒丰

辽宁省经济林研究所刘万生等以新疆纸皮核桃实生后代的早实单株为父本，以日本心形核桃为母本通过人工种间杂间育成，1992年定名。

坚果长阔圆形，果基圆，顶部略尖。三径平均3.76厘米，平均单果重14.4克，属中大果型。壳面光滑，色浅；缝合线窄而平或微隆起，内褶壁膜质或退化，横隔窄。壳厚1.2毫米左右。可取整仁或1/2仁。出仁率52.8%。核仁较充实饱满，黄白色，味略涩（图3-12）。

图3-12 寒丰坚果
（刘广平提供）

树势强，树姿直立或半开张，分枝力强，7年生树高4.2米，平均干径粗13.6厘米，冠幅直径4.1米，结果枝率92.3%。1年生枝条绿褐色，枝条较密集，以中短果枝为多，节间较短，无芽座，属于中短枝类型。每雌花序着生2~3朵雌花，在不授粉的条件下可坐果60%以上，具有较强的孤雌生殖能力。多双果，丰产性较强，10年生株产可达10.3千克。

辽宁大连地区4月中下旬萌芽，5月中旬雄花散粉，5月下旬雌花盛期，属雄先型。雌花盛期最晚可延迟到5月28日，比一般品种晚25天左右。6月上旬抽生二次枝，9月中旬坚果成熟，10月下旬或11月上旬落叶。

该品种坚果品质优良，连续丰产性强。抗病性强，耐寒。雌花出现特晚，适宜在北方易遭晚霜危害的地区栽培。

7. 中林1号

1989年通过国家鉴定的首批早实核桃新品种，由中国林业科学研究院林业研究所用山西汾阳串子（晚实）作母本，用祁县涧9-7-3（早实）作父本杂交育成。

坚果圆形，果基圆，果面扁圆，单果重14克，壳面粗糙，缝合线中宽凸起，结合紧密，壳厚1.0毫米，可取整仁或1/2仁，出仁率57%，核仁饱满，浅至中色，味香不涩（图3-13）。

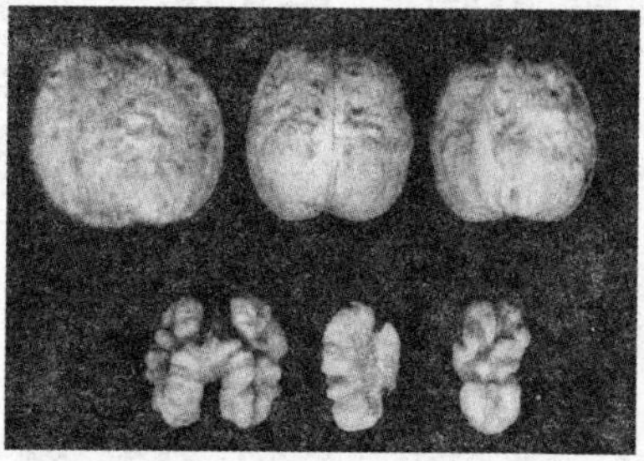

图3-13 中林1号坚果

树势较强，分枝力强，侧生混合芽比率90%以上，雌先型。嫁接后第二年结果。在泰安地区9月初坚果成熟，10月下旬落叶。该品种生长势较强，生长迅速，丰产潜力大，较易嫁接繁殖。坚果品质中等，适应能力较强。可在华北、华中及西北地区栽培。

8. 中林3号

中国林业科学研究院林业研究所用山西光皮绵（晚实）作母本，用祁县涧9-9-15（早实）作父本杂交育成。

坚果椭圆形，单果重11克。壳中色，较光滑，缝合线窄而凸起，结合紧密，壳厚1.2毫米。可取整仁，出仁率55%，核仁饱满，色浅（图3-14）。

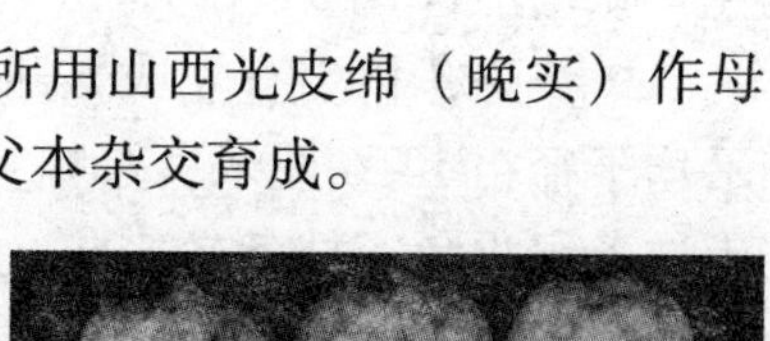

图3-14 中林3号坚果

树势较旺，分枝力较强，侧生混合芽比率50%以上，雌先型。嫁接后第二年结果，6年进入结果盛期。9 月初坚果成熟，10 月下旬落叶。该品种适应性强，耐干旱瘠薄，丰产性强，核仁品质上等，为较好的仁用品种，适宜西北、华北丘陵山区栽培。

9. 扎 343

1989 年通过国家鉴定的首批早实核桃新品种，新疆林业科学研究院选自阿克苏地区扎木台试验站早实实生核桃。

坚果中等大，平均单果重 12. 4 克，最大 15. 3 克，三径平均 3. 7 厘米，壳面光滑美观，壳厚 1. 16 毫米，缝合线紧，可取整仁，出仁率 56. 3%，仁色中，风味香，品质中上等（图 3－15）。

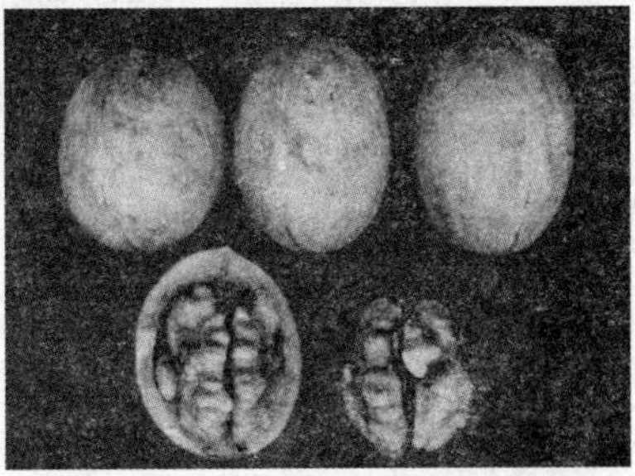

图 3－15　扎 343 坚果

植株生长势强，树姿半开张，分枝角 60°左右，树冠圆头形。发枝力强，结果母枝平均发枝 2. 5 个；果枝率 93%。嫁接苗第二年出现雌花。

每雌花序着生 1～3 朵雌花，其中二花和三花占 50%左右。属雄先型，中熟品种。晋中地区 4 月中下旬雄花散粉，5 月上旬雌花盛期。常有二次雄花和雌雄同序。9 月上旬坚果成熟；11 月上旬落叶。该品种适应性较强，较抗寒、耐旱、较抗病。坚果外观漂亮，丰产，品质中上等。适宜西北、华北丘陵山区栽培。

10. 西扶 1 号

1989 年通过国家鉴定的首批早实核桃新品种，西北林学院高绍棠等选自陕西扶风隔年核桃。

坚果中等偏小，平均单果重 10. 31 克，最大 12. 8 克，三径平均 3. 17 厘米，壳面较光滑，壳厚 1. 09 毫米，缝合线紧，可取整仁，出仁率 56. 21%，仁色浅，风味香，品质上等（图 3－16）。

植株生长健壮，树冠圆头形，叶片大而厚，深绿色，属雄先型，晚熟品种。树姿较开张，分枝力中等。侧生混合芽率 90%，果枝率占85%以上。在陕西杨凌地区萌芽期为3月底，雌花盛期为5月初，雄雌花期相距10天左右，雄先型。坚果9月中旬成熟，落叶期11月上中旬。该品种适应性强，抗寒、耐旱，抗病性较强。特丰产，品质优良，适宜矮化密植栽培，可在我国西北、华北丘陵地区发展。

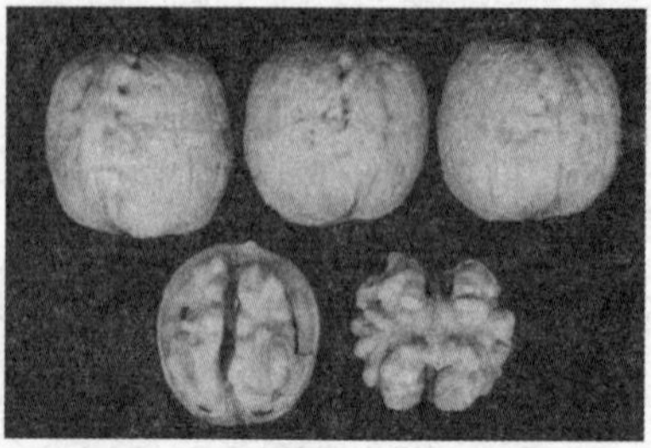
图3－16　西扶1号坚果

11. 薄丰

1989年通过国家鉴定的首批早实核桃新品种，河南林业科学研究所罗秀钧等选自河南新疆核桃实生树。

坚果中等大，卵圆形，平均单果重11.12克，最大13.5克，三径平均3.53厘米，壳面光滑美观，壳厚1.06毫米，缝合线较紧，可取整仁，出仁率54.1%，仁色浅，品质上等（图3－17）。

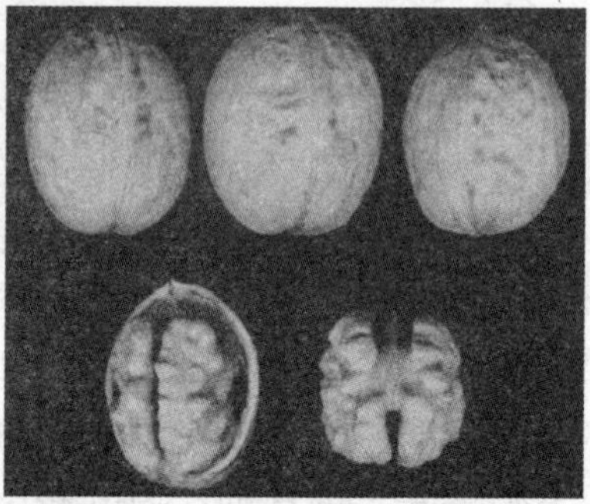
图3－17　薄丰坚果

植株生长势强，树姿半开张，分枝角60°左右，树冠圆头形。多年生枝灰褐色，皮孔小而稀，一年生枝灰绿或黄绿色，节间较长，以中、短果枝结果为主。混合芽圆形，主副芽距离稍远，主芽有芽座，侧芽形成混合芽的比率为90%以上。嫁接苗第二年形成雌花，第三年出现雄花。每个雌花序多着生雌花2朵，最多达5朵，座果率64%，多为双果，雄先型。

河南3月下旬萌芽，4月初展叶，雄花4月上旬开始散粉，4月中旬雌花盛开，9月初果实成熟，10月中旬开始落叶。该品种适应性较强，耐旱，抗病、抗寒性较强，适宜在华北、西北黄土丘陵区矮化密植栽培。

12. 京861

1989年通过国家鉴定的首批早实核桃新品种，北京林业果树研究所张宏潮等选自引进新疆核桃种子的实生苗。

坚果中等大，圆形，平均单果重11.24克，三径平均3.39厘米，壳面光滑美观，壳厚0.99毫米，缝合线紧，可取整仁，出仁率59.39%，仁色浅，风味香，微涩，品质中上等（图3-18）。

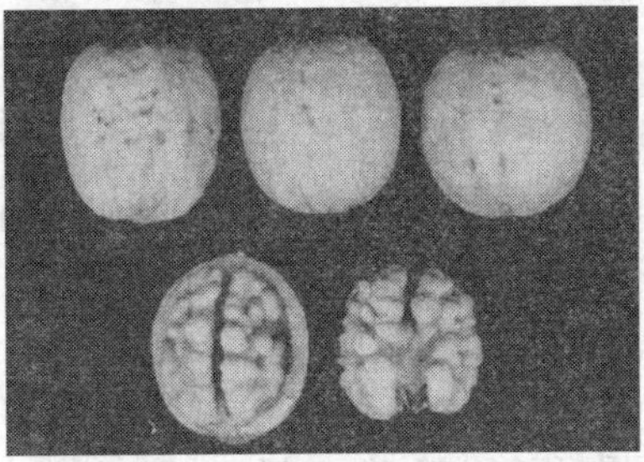

图3-18 京861坚果

植株生长势强，树姿较开张，分枝角65°左右，树冠圆头形，侧芽形成混合芽的比率为95%，侧枝果枝率达85.5%。嫁接后第二年开始形成雌花，雄花在3年后出现。雌花序多着生2~3朵雌花，座果率在60%左右，双果率74%左右。属雌先型，早熟品种。

北京地区4月上旬发芽；雌花期在4月下旬，雄花期在4月下旬至5月上旬；8月下旬坚果成熟，具早熟性，落叶期为11月上旬。该品种较抗寒、耐旱，抗病性较差，优质丰产。可在我国北方地区矮化密植栽培。

13. 西林2号

1989年通过国家鉴定的首批早实核桃新品种，由高绍棠等于1978年从新疆核桃实生树中选出。

坚果圆形，三径平均3.93厘米，平均单果重16.96克。壳面光滑，略有小麻点；缝合线窄、平，结合紧密，壳厚1.21毫米。内褶壁退化，横隔膜膜质，易取整仁出仁率61%。味脆而甜香，核仁淡黄（图3-19）。

图3-19 西林2号坚果
（刘朝斌提供）

树势强健，树姿开张，分枝

力强，节间短。果枝占枝条总数的63%，长、中、短果枝比为35:35:30；连续结果枝率为32.5%。雌花序着生2朵雌花，多单果。雌先型。陕西3月下旬发芽，雌花盛期4月中旬，雄花散粉期晚于雌花2～3天。坚果9月中旬成熟，落叶期11月中旬。该品种有较强的适应性，适宜于华北、西北及平原地区栽培。

14. 晋香

山西林业科学研究院王贵等选自祁县引进新疆核桃种子的实生苗。“七五”期间参加全国早实核桃品种区试，2007年通过山西省林木品种委员会品种审定。

坚果中等大，圆形，平均单果重11.54克，最大14.2克，三径平均3.45厘米，壳面光滑美观，壳厚0.71毫米，壳薄而不露，缝合线较松，可取整仁，出仁率63.97%，仁色浅，饱满，风味香，品质极佳（图3－20）。

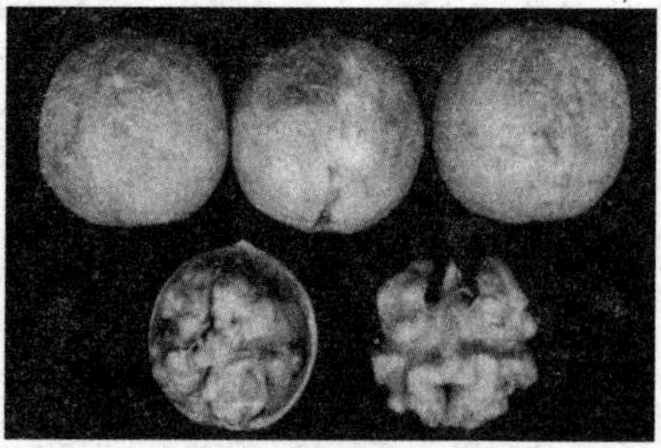

图3－20 晋香坚果

植株生长势较强，树姿较开张，分枝角65°左右，树冠圆头形。分枝力、座果率较高，嫁接苗第二年结果，每雌花序着生2～3朵雌花，双果较多。丰产性较强，树冠垂直投影面积产仁量0.17千克/平方米。属雄先型，中熟品种。晋中地区4月上旬萌芽，4月中下旬雄花盛期，5月上旬雌花盛期，9月上中旬果实成熟。10月底落叶。果实发育期120天，营养生长期210天。该品种适应性较强，果形美观，但果个较小，手捏可取整仁，深受群众欢迎，可在我国北方水肥、气候条件较好的地区集约化栽培。

15. 金薄香1号

山西省果树研究所田建宝等从新疆早实核桃中选出，2004年9月通过山西省林木品种审定委员会审定。

坚果长圆形，较大，平均单果重15.2克，三径平均3.82厘米，仁重 9.2 克，壳厚 1.15 毫米，缝合线紧，可取出整仁，出仁率 60.5%，种皮乳黄，种仁乳白，肉质细腻，香味浓，品质上等（图 3-21）。

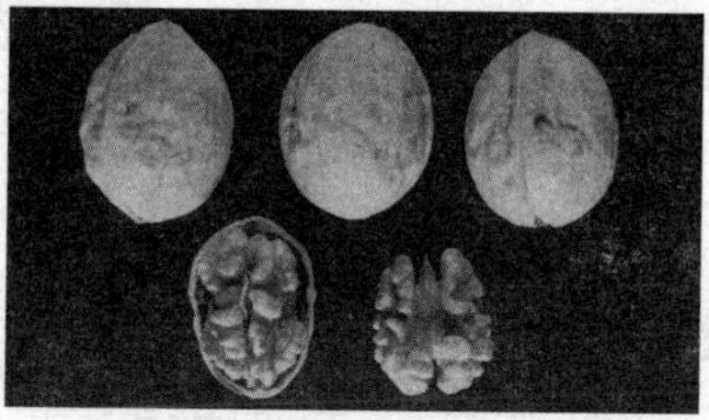

图 3-21　金薄香 1 号坚果
（陈恩明提供）

幼树生长较旺，树姿直立，芽具早熟性，树冠中下部部分枝条能抽生二次枝。成龄树干性较弱，新梢年平均生长量为 33.3 厘米，短果枝约占 80%，中果枝约占 15%，长果枝约占 5%，结果枝以单果为主。嫁接苗第二年部分植株可结果，第五年进入初盛果期，连续结果能力强，晋中地区 3 月下旬开始萌芽，4 月上旬开花、展叶，4 月中旬新梢开始生长，6 月中下旬为果实硬核期，9 月上旬果实成熟，10 月下旬开始落叶，全年生长期为 210 天。

该品种对土壤适应性较强，耐旱、耐瘠，抗寒性、抗病性较强，适宜在华北、西北丘陵区发展。

16. 云新 1 号

由云南省林业科学研究院方文亮、杨振邦等于 1979 年种间杂交育成。亲本为云南漾濞晚实泡核桃和从新疆引进的早实泡核桃云林 A7。1990 年定为优系，已在云贵高原栽植。

坚果长扁圆形，三径为 4.3 厘米 ×3.9 厘米 ×3.3 厘米；壳面刻点大而浅，缝合线中上部略隆起，紧密；平均单果重 13.4 克，平均仁重 7.0 克；壳厚 1.0 毫米；内隔和内褶退化，纸质，取仁易，可取整仁，出仁率 52.2%，仁饱满，黄白色，味香甜，无涩味，脂肪含量 70%（图 3-22）。

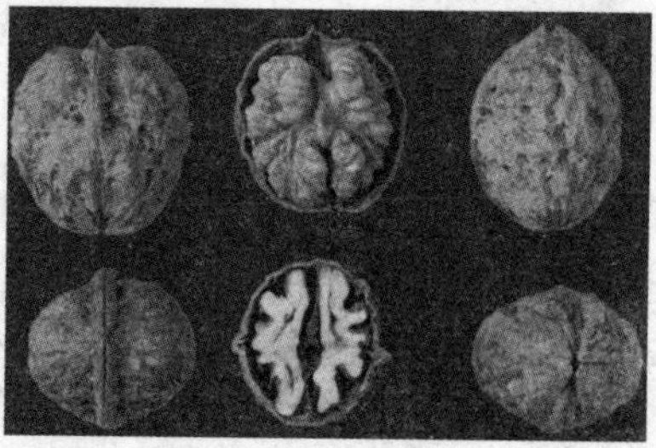

图 3-22　云新 1 号

树势强健，树冠紧凑，分枝

力强，为中果枝类型。侧生混合芽比率51%，雌花序多着生2朵雌花，座果率78.9%。12年生母树单产17千克，嫁接后第二年开花结果，5年单产3.5千克。属雌先型。

在云南漾濞3月上旬发芽，3月中旬展叶抽梢，3月下旬雌花成熟，4月上旬幼果形成，9月上中旬坚果成熟。该杂交种早实，丰产，坚果品质优良，坚果较大，在云南1 600 ~2 100米地带生长良好。

17. 云新2号

由云南省林业科学研究院方文亮、杨振邦等于1979年种间杂交育成。

亲本为云南漾濞晚实泡核桃和新疆早实泡核桃云林A7号。1990年定为优系，已在云南省内外栽植。

坚果扁圆球形，三径为3.9厘米×4.1厘米×3.4厘米。壳面刻点大而浅，缝合线微隆起，紧密。平均单果重13.3克，平均仁重7.4克。壳厚1.0毫米，内隔和内褶不发达，纸质，取仁易，可取整仁，出仁率55.7%，仁饱满，黄白色，味香甜，无涩味，脂肪含量68.1%。树势较旺，树冠紧凑，分枝力强，为中果枝类型。侧生混合芽比率69.9%，每雌花序多着生2朵雌花，座果率89.0%。12年生母树单产15千克，嫁接后第二年开花结果，5年生单产3.8千克。属雌先型（图3-23）。

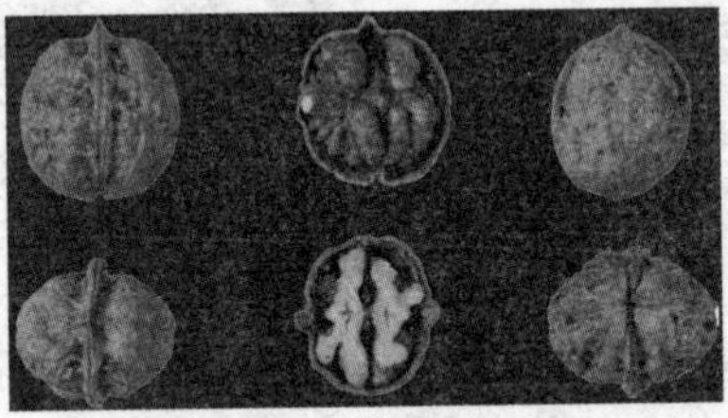

图3-23　云新2号

在云南漾濞地区，3月上旬发芽，3月中下旬展叶抽梢，3月底雌花成熟，4月初雄花散粉，9月中旬坚果成熟。该杂交种比母本漾濞泡核桃抗寒性强。早实、丰产、品质优良，适宜在云南海拔2 000米左右处及类似生态区栽培。

第四章　核桃标准化育苗技术

一、砧木苗培育

核桃砧木为共砧，即砧木由核桃种子繁殖而来。共砧亲和力好，适应性强。砧木苗的质量直接影响嫁接成活率和嫁接后苗木的质量。

（一）种子选择与处理

1. 种子选择

夹核桃、绵核桃均可做砧木种子。用作种子的核桃应选择无病虫害、饱满、未漂洗过的。同时还应对核桃大小分级，分别播种。分级的标准为：纵径和横径的平均值大于2.8厘米的核桃分成一类，称大核桃；纵径和横径的平均值小于2.8厘米的核桃分成另一类，称小核桃（图4－1）。此项工作非常重要，因为大核桃出苗后生长快、苗壮，能早嫁接，小核桃出苗后生长慢，只能迟嫁接。分开播种有三大好处：一是利于田间管理，可以加强对小核桃砧木苗的水肥管理；二是嫁接时间的一致利于以后各嫁接苗的同速生长；三是利于不同等级嫁接苗的出圃。

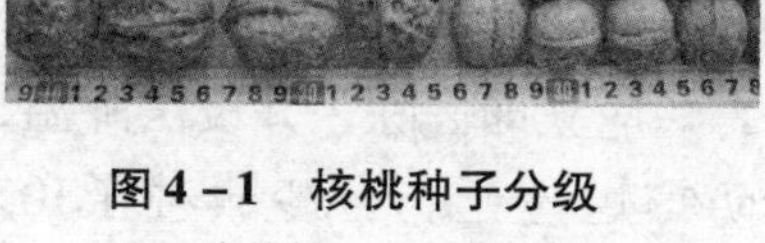

图4－1　核桃种子分级

左：大核桃　右：小核桃

建议生产中不要使用山核桃、核桃楸作核桃砧木，山西林业科学研究院曾做过试验，这两者做砧木亲和力差，早期均易出现核桃嫁接苗萎蔫死亡现象。

2. 种子播种与处理

核桃播种分秋播和春播两种方式。

秋播种子不需任何处理。

春播种子需经过处理方可播种。

种子处理采用以下两种方法：

（1）冬季湿沙贮藏法（即层积处理法）　核桃层积法与其他果树砧木种子处理相似。沙藏所用材料以干净的细河沙最好，其湿度以手握成团而不滴水，松手后分成几块，但不散开为宜，此时含水量约为30%。一般于12月至翌年1月选择地势较高、排水良好的背阴处挖沟。沟深60～90厘米，宽60～100厘米，长度依种子的多少来定，但不宜过长，如种子量大，可分沟沙藏。沙藏时，沟底先铺一层湿沙，然后放一层种子，再铺一层湿沙，再放一层种子，层层相间存放。也可以将种子与3～5倍的湿沙混合在一起存放，当种子堆放至离地面10厘米时，用湿沙将坑填平，然后培土30～40厘米，呈屋脊形。根据种子数量多少，每隔1.5米左右从坑底至坑顶竖草把或秫秸一束，以利通气。在沙藏后期应经常检查，并上下翻动，以通气散热。如果沙子干燥，应适当洒水增湿。如果发现有少量种子霉烂应立即去除，并设法降温，以防霉烂蔓延。当沙藏种子10%～20%露白时播种（图4－2）。

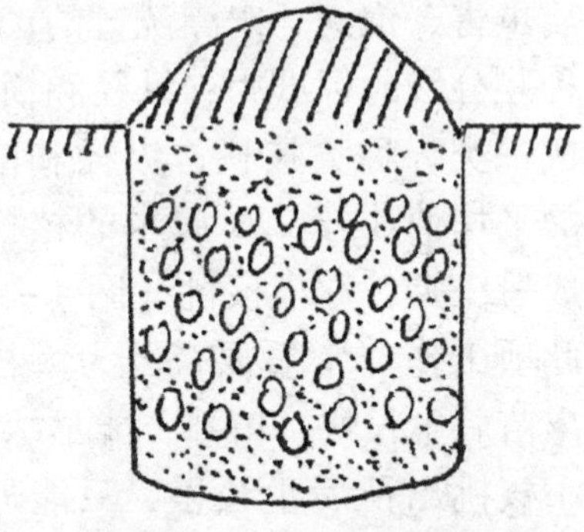

图4－2　种子层积纵切面

（2）水浸日晒法　即水浸种加日晒法。春季播种前，用水浸泡种子7～10天，每2天换一次水。注意浸泡时保证所有种子浸没水中，若种子浮于水面，可压重物解决。然后将水浸泡过的种子置于阳光下暴晒，待大部分种子裂口时即可播种，不裂口的种子捡出再浸泡再晒，直到裂口。这一点很重要，因为不裂口的种子播种后发芽率很低，直接影响到砧木的出苗率（图4-3）。

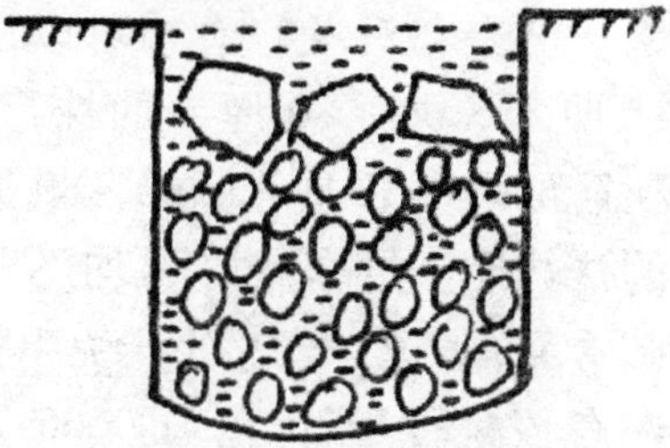

图4-3 水浸种子

（二）苗圃地选择与整理

苗圃地选择的好坏直接关系到育苗的成败。圃地应选择在土壤肥沃、有灌溉条件、背风向阳、交通便利、排水良好的地方。忌选用撂荒地、盐碱地及前季栽植过果树的地，因果树苗木在生长期间根系分泌许多毒素。这些毒素会对核桃根系造成伤害，致使苗木生长不良或死亡。

圃地整理主要是指对土壤进行深翻耕作、增施有机肥、作畦作垄等。耕作前每公顷施有机肥50 000千克左右，并灌足底水，播种前再浅耕一次，然后耙平作畦、作垄，待播种。

（三）播种及苗期管理

1. 播种

（1）播种时期　分秋播和春播两种。

秋播宜在土壤结冻前进行。种子采下后可直接带青皮播种或脱青皮、晾干后在地冻前播种。此播种方式适于冬季不太严寒，春季风小干旱的地区，但兽、鼠危害严重或冬季干旱地区不宜在此期播种。

春播一般在土壤解冻后进行。山西林业科学研究院近几年试验表明，晋中地区在清明前后覆膜播种最好。此时地表及土壤温度已回升，一般播种后25天左右即可出苗，且出苗后正好避过晚霜。

（2）播种作业方式　核桃的种子较大，播种时最好采用点播，每穴1粒。播深10厘米，秋播稍深些。

播种时种子的缝合线与地面垂直，种尖朝向一侧为好，否则因幼根或幼茎的弯曲，往往出苗较为迟缓（图4-4）。

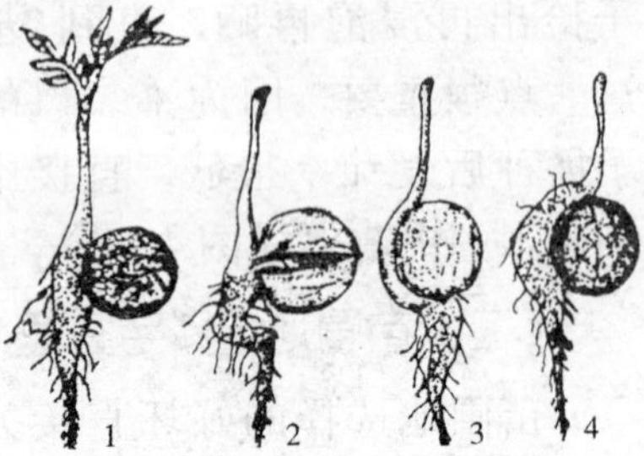

图 4－4 种子播种时放置方式

（3）播种量 春播可以采用15厘米×60～80厘米的株行距，秋播可采用12厘米×60～80厘米的株行距。过密或过稀均不利于砧木苗的培育。若按1千克100个左右核桃种子计算，每666.7平方米播种量约60～90千克。核桃播种出苗率一般为80%左右，种子质量高，出苗率高。

2. 苗期管理

核桃播种后40天左右苗木就可出齐。要想培育出健壮的砧木苗，必须加强苗期的一系列管理工作。

（1）检查出苗 尤其是春播覆膜的种子，应随时检查，发现嫩芽顶在薄膜上，应及时调整嫩芽生长方向，否则嫩芽生长歪曲，甚至顶芽被高温烫坏，出现二三叉分支，影响当年的芽接。

（2）补种 当苗木大量出土时，应及时检查，发现缺苗严重时，应随即补种。所用种子应经过催芽处理。

（3）施肥灌水 核桃苗木出土前一般不需灌水，以免造成地面板结，影响出苗。五、六月份是苗木生长最快时期，应结合施氮肥灌水2次，每次每666.7平方米施尿素10千克。七八月份为促使苗木充实，增加木质化程度，可施一次磷、钾肥，以提高苗木越冬能力。

（4）中耕除草 及时中耕可以去除杂草、疏松表土、减少土壤水分蒸发、防止土壤板结。

（5）防治病虫害 本着“防重于治”，治早、治小、治了的原则，应及时消灭病虫害。此期最常见的害虫是大灰象甲、金龟子等（参见第八章）。

二、接穗繁殖与采集

采穗是嫁接繁殖中的关键环节，接穗的质量直接影响着嫁接成活率的高低和嫁接树的优劣，在生产中应给予充分重视。

核桃苗木嫁接目前主要有两种方法：春季的室内双舌枝接和夏季的方块芽接。枝接采用的接穗叫硬枝接穗，芽接采用的接穗叫嫩枝接穗。现分述如下：

1. 硬枝接穗的采集标准与贮藏

硬枝接穗是指采集的一年生枝条，主要为枝接用。其合格标准为粗 1～2 厘米以上，发育充实、髓心较小的发育枝。采集时间从核桃落叶后直到芽萌动前都可进行。冬季寒冷或早春枝条易抽梢地区，宜在元旦前后采集。采后剪口涂漆（减少伤流）。穗条剪口封蜡，按品种分类，每 100 根扎一捆，拴好标签，并及时放入背阴处的地窖中，用湿沙将接穗缝隙灌严，温度控制在 5℃左右。可挖 2 米深的坑，放完接穗后，其上至少覆盖 50 厘米的湿土。当贮存穗条量大时，地窖应设通风口。冬季气温不寒冷区可在春季芽萌动之前采集，此时可随采随用或低温短期贮藏。长途运输时应注意防止风吹失水，以用篷布蒙严为好。

2. 嫩枝接穗的采集标准与贮藏

嫩枝接穗是指采集的当年新梢，主要为芽接用。芽接接穗应采用半木质化、无芽轴、芽基部不褶皱的枝条作接穗最好。嫩枝接穗一般随采随用。采下后立即剪掉复叶，保留 1 厘米左右叶柄，以减少水分蒸发。接穗竖立于清水桶内，底部可盛少许水，边接边用。如需长途运输，剪掉复叶后，分品种打捆并系标签，每 100 根一捆。为防长途运输中枝条互相摩擦，伤害芽子，穗条之间可分层夹一些叶片，并用湿麻片包好方可起运。中途注意给麻片及时洒水，保持湿润（冷藏车运输最好）。穗条到达目的地后，及时解捆并剔除所有叶片。把穗条平放于背阴处或地窖或窑洞中，温度控制在 15℃以下，有条件时可竖立于清水中，水深以刚刚浸住剪口为宜。这样操作，穗条一般可保存 2～3 天。低温高湿可保存较长时间。

三、影响嫁接成活的气候因子与嫁接方法

（一）主要气候因子

（1）气温　温度是影响愈伤组织形成的重要因素。20℃以下，愈伤组织几乎不能形成，20℃以上愈伤组织开始增多，超过30℃愈伤组织形成显著下降。试验认为温度在23.5～29℃时接口愈合最快，嫁接易成活。

（2）降雨　嫁接时期遇连阴雨可明显降低成活率。降雨降低温度并增加伤流，影响嫁接成活，因此应尽量避开阴雨天嫁接。

（3）光照　天气晴朗，温度适宜，土壤湿度在60%左右，嫁接成活率最好。

（二）嫁接方法

核桃嫁接繁殖主要采用室内双舌枝接法和方块芽接法，但无论哪一种，都必须遵循以下原则：枝接接穗必须休眠未萌动。芽接应在接芽已经成熟，砧穗均易离皮时进行。北方诸省枝接多在4月，芽接可在5月下旬至7月上旬。现将常用的嫁接方法及时期分述如下：

1. 室内双舌枝接法

即嫁接所用砧木为冬季土壤结冻前挖出假植的核桃实生苗，在室内嫁接完毕后，再定植于大田的一种嫁接方法。这一点显著不同于其他果树嫁接。采用室内嫁接，避免了伤流的产生。

（1）嫁接时间　北方地区4月中旬至5月上旬。此时嫁接，接芽萌动生长时正好避过晚霜。

（2）*嫁接方法*　砧木一般为1～2年生实生苗。基部粗度大于1厘米。接穗为枝接接穗。嫁接前，先把砧木根部在水中浸泡一夜。接穗剪成15～20厘米的小段，每小段至少要保留1个饱满芽，也在水中至少浸泡3～4小时。**削砧木和接穗：**嫁接时，在砧木根颈以上10～15厘米光滑顺直处剪断，削成3～5厘米长的大斜面。选用与砧木粗细相当的接穗，也削成同砧木一样3～5厘米

长的大斜面，斜面要平滑，在斜面上部1/3处用刀垂直各开一接口，深2~3厘米，呈舌状。**插接穗：**砧木和接穗削好后立即插合，形成层要对齐。使砧穗结合紧密，砧穗粗度不一致时，要求对齐一边。**绑缚：**用打包塑料绳牢固绑缚（图4－5）。**蘸蜡：**在90℃的蜡液里速蘸接口及其以上部分。蜡液的配方为石蜡∶凡士林∶猪油＝6∶1∶1，蜡温的控制可采用蜡桶底部放5厘米深水的方法（图4－6）。**定植：**嫁接苗蘸蜡后，就可直接定植大田了。嫁

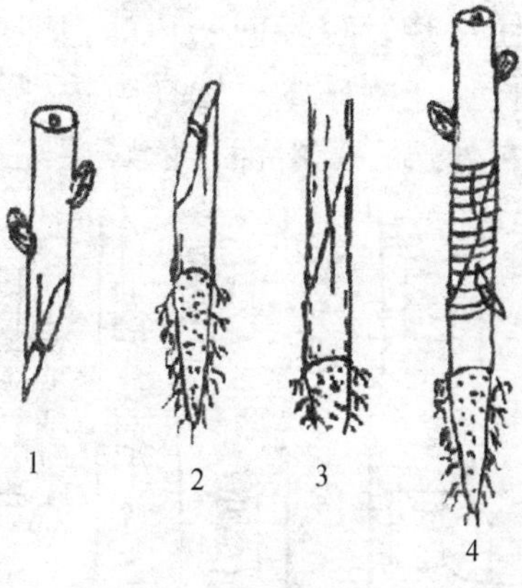

图4－5 双舌接

1. 接穗 2. 砧木 3. 接合状 4. 绑缚

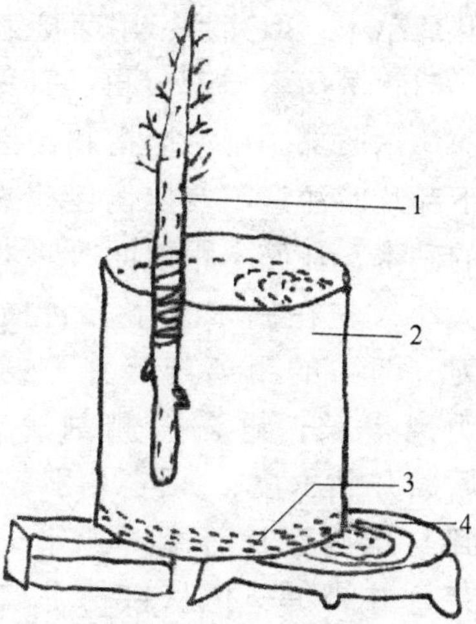

图4－6 嫁接苗封蜡图

1. 嫁接苗 2. 石蜡 3. 水 4. 电炉

接定植圃地要先整平，每666.7平方米施农家肥5 000千克，氮磷钾复合肥50千克，每隔50厘米做一个50厘米宽，10厘米高的垄，栽植时在垄两侧每隔15厘米各定植一棵嫁接苗，踩实，浇透水。水渗下后在垄上铺地膜。并压实（图4－7）。做垄的目的是

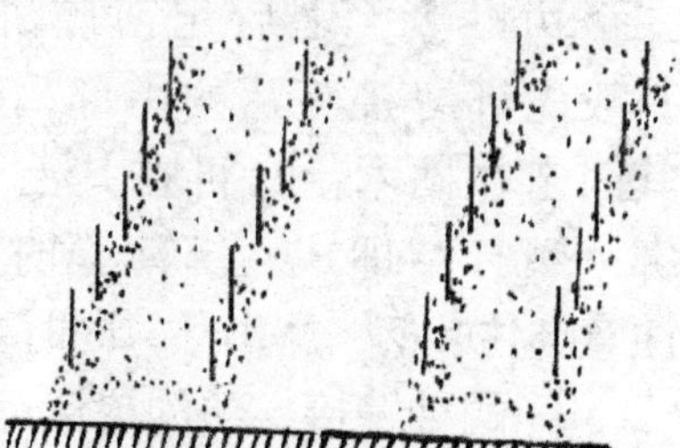

图4－7 枝接苗定植法

使不铺地膜的行间变成沟，利于以后浇水。

2. 夏季方块芽接法

指切削的芽片呈方块形状，且嫁接时间为夏季。此法是目前良种繁殖的主要方法，芽接苗占总苗量的90%以上。

(1) 嫁接时期　华北一般在5月下旬至6月底。此期砧木生长旺盛，接芽大多也已成熟。

(2) 嫁接方法　**第一次剪砧木：**在嫁接部位以上留2～3片复叶剪砧木；**取芽片：**用芽接刀先在距芽0.5厘米的上下方各横割一刀，深达木质部，再在芽两侧距芽0.3厘米处各纵割一刀，也深达木质部。用大拇指和食指捏住芽片，轻轻向一边掰，即可取下芽片。注意不要挫伤接芽的生长点；**割砧木：**选择与接穗等粗的砧木，在砧木距地面5厘米左右处选一光滑面，依嫁接芽片的大小，先在砧木上下方各横割一刀，两刀的距离与接芽片的上下距离等长，再在一侧割一刀，然后撕开砧木皮，如同开门一样，撕到与嫁接芽片等宽时撕下；**贴接芽片并绑缚：**把从接穗上取下的接芽迅速贴在砧木割口上，应至少保证芽片三个边与砧木割口三个边贴紧，之后用薄膜绑缚。一般先绑缚接芽片的中部，以利其固定在砧木上，再在其上下各绑一圈打结即成。绑薄膜时，要注意绑住叶柄，露出芽，同时要绑缚严、紧（图4－8和图4－9）。

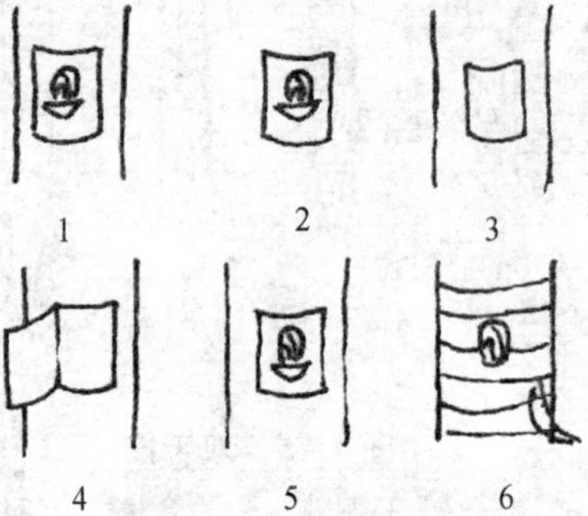

图4－8　夏季方块芽接法

1. 割接芽　2. 方块芽片
3. 割砧木　4. 砧木开口
5. 贴芽片　6. 绑缚

3. 两种嫁接方法的灵活运用

室内双舌枝接法投入较大，且枝接苗由于起苗后嫁接再栽植，根系受损较严重，苗木栽植后恢复慢，致使一级苗比例较低。同时，枝接操作工序繁多（如砧穗的收集保存等），若有任

图 4－9 芽接苗

左图为 6 月芽接第二年 8 月生长状 右图为当年 6 月芽接 8 月生长状

何一个工序做不好，均可影响成活率，因此，核桃嫁接最好不采用此方法。但在缺乏采穗圃的地区，或在夏季芽接时期雨量较多的地区，核桃枝接方法仍可作为一个主要嫁接方法；夏季方块芽接成活率高，大田嫁接成活率可达到 90% 以上，一级苗比例较高，而且投入少，是目前推广的主要方法。

（三）嫁接苗的管理

核桃嫁接成活率的高低以及苗木质量的好坏不仅取决于嫁接技术的高低，而且与嫁接后的管理状况也有很大的关系。

1. 室内双舌枝接苗的管理

（1）及时除萌 嫁接后砧木上极易出现大量萌蘖，应及时去除，一般全年可进行 3～4 次。

（2）及时解绑 枝接苗接口愈合好后，加粗生长很快。这时，要及时解绑，以免影响接口正常生长及新梢生长。

2. 芽接苗的管理

（1）检查成活和补接 各类芽接接后 15 天左右即可检查成活情况，没有接活的苗木，要及时补接。

（2）剪砧 芽接后 7～10 天，应将接芽以上的砧木部分剪去，以利于养分直接供给接芽生长。剪砧时应掌握正确的剪砧方法。剪口宜在接芽上部 1～2 厘米处，在接芽背方稍微倾斜剪下，否则影响剪口愈合。注意核桃有髓心，不要留桩过短。干旱年份可留长些，雨多时可短些。当新梢长到 30 厘米左右时要减去留下的干桩（图 4－10）。

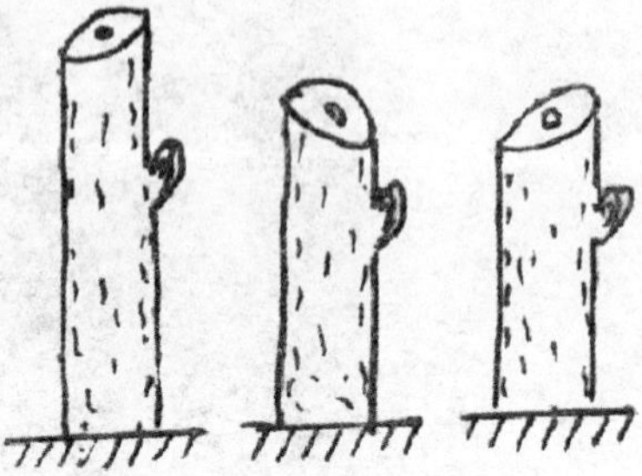

图 4－10　剪砧方法

（3）除萌　嫁接后，砧木基部容易发出大量的萌蘖，应及时去除，以免消耗大量养分，影响接芽的生长。

（4）解除绑缚物　嫁接后 15～20 天时，接芽大多已开始生长，当新梢长到 2～3 厘米时，应尽快解除绑缚物。否则，影响砧木与接芽的养分供给通道。

（5）去幼果　若接芽为早实品种，嫁接后新梢上极易开花结果，这时应及时去除花序、幼果。

（6）设立支柱　当接芽生长到 30 厘米左右时，若当地风大应设立支柱，以防风折。

（7）掐头　当苗木生长高度超过 1 米时，可在 8 月底掐头，以利枝条充实，提高嫁接苗质量。注意掐头不可进行过早，以免刺激副梢萌出，消耗养分。

（8）肥水管理和病虫防治　核桃嫁接后 20 天内禁忌灌水施肥，新梢长到 10 厘米以上时应及时浇水、施肥，可结合进行中耕除草。秋季应控制浇水和施氮肥，适当增施磷、钾肥。8 月中旬摘芯，可增强木质化程度。同时注意及时检查并防治食叶害虫。

（四）嫁接苗出圃与假植

我国北方地区，核桃幼苗越冬有抽条现象，一般是于秋季落叶之后出圃假植，供秋季造林和建园用；秋季用不完的苗木要重新假植，保证在越冬期间不失水、不霉烂，翌年春季再栽。在没有抽条现象的地区，可在春季解冻之后，芽萌动之前起苗，随掘随栽。核桃是深根性树种，起苗时根系容易拉皮、折伤。为了起好苗，应在起苗前一周灌一次透水。嫁接口以上超过60厘米的苗才可以掘起，否则留苗至翌年苗木达到高度后再起。起苗时，主根长应至少保留20厘米以上，侧根数至少15条以上。下表列出的是核桃行业标准中规定的嫁接苗木的质量等级（表4－1）。

表4－1 核桃嫁接苗质量等级

项 目	级别	
	一级	二级
苗高（厘米）	≥100	60～100
基径（厘米）	≥1.5	1.2～1.5
主根保留长度（厘米）	≥25	20～25
侧根长度（厘米）	≥20	15～20
侧根条数（条）	≥15	15～20
病虫害	无	
接口愈合情况	接口结合牢固，愈合良好	

起苗后，按不同品种、不同质量等级的规格苗每30株打成一捆，拴好标签，临时假植于排水良好的背阴处，等待销售。临时假植只要用湿土埋严根部即可。

苗木如果当年秋季未能出售，则应在12月份重新挖深沟假植。此时假植时间较长，且经历冬末春初的寒风，因此要慎重。可选择地势较高，背风耐荫处挖沟。沟深1米、宽1.5米，长度依苗木数量而定。假植时，在沟的一头先垫一些湿土，坡度呈45°，苗木在泥浆中蘸根，单株排放或每10株一捆排放，之后依次排放埋土露梢。坑上覆盖一薄层玉米秸秆，以防风吹日晒。土壤封冻前再将苗木顶部全部埋土（图4－11）。

图4－11 苗木假植

第五章　核桃标准化建园技术

核桃根系发达，怕涝、怕荒，具有喜光、喜透气性等特性。适宜在土层深厚，土壤结构疏松，不易积水的立地条件进行栽培。核桃建园要根据气候、土壤条件确定适宜的品种，根据品种特点和栽培目的确定合理的栽植密度。

一、园地选择

我国幅员辽阔，气候、立地类型复杂多样，核桃园地的选择无论在传统产区还是发展新区均应以气候条件和土壤条件为依据。因此，建园之前对当地气候、土壤、雨量、自然灾害和附近核桃生长、发育、结果状况进行全面的调查研究，再根据调研结果与拟建园地点进行对比分析，确定建园地点是否合适。

（一）标准化核桃园对生长环境的要求

核桃是我国分布范围最广的经济林树种。在北纬 21°～44°，东经 75°～124°之间都有栽培和分布。分布如此广泛，一方面说明核桃在我国栽培历史悠久，具有较强的适应性；另一方面也表明我国核桃栽培在一定范围和期间存在着很大的盲目性。没有按照最优原则选择建园地点、栽培品种和栽培技术，造成了我国核桃无论是平均单位面积产量，还是平均单株产量与发达国家和高标准核桃园之间存在很大差距。因此核桃标准化园在建园地选择上应对建园地的生长环境建立科学的评估体系，要进一步调整核桃发展布局，鼓励向优生区倾斜。优生区的环境应符合以下要求。

1. 温度

我国不同纬度区，核桃种群、类群分布各异，不同种群、类群核桃对温度和海拔等环境要求也存在着差异，不同纬度不同海拔的温度也存在很大变化。而在同一纬度温度变化与海拔高度呈负相关关系。因此以温度作为生长环境优劣的首要因子，并根据不同核桃种群的生长发育特征，确定最佳区间应是选择核桃园时评判的标准之一。

（1）北方核桃对温度的要求　北方核桃种群属于喜温树种，优生区的年平均温度应在 9～15℃，极端最低温度为小于 -25℃，极端最高温度为 35℃，无霜期 150 天以上。

北方核桃种群中早实和晚实两大类群，在适宜的温度范围内，不同品种对温度的变化存在差异，但类群之间差异不大。

（2）南方铁核桃（泡核桃）对温度的要求　南方铁核桃的优生区对温度的要求是年平均气温 13～16℃，最冷月平均气温 4～10℃，极端最低气温为 -5℃，最高气温 38℃。适合于湿热的亚热带气候。

2. 光照

核桃属喜光树种，年生长期内日照时数要求达 2 000 小时以上，生长期（4～9 月份）的日照时数在 1 500 小时以上。日照时数与强度对核桃生长、花芽分化及开花结实有重要影响。充足的光照不仅能保障北方核桃正常生长、结果，而且能显著降低病虫害的发生、发展，对商品率的高低也具有重要影响。

3. 土壤

核桃为深根性树种。符合土层厚度达 1 米以上、土壤结构疏松、保水透气性良好的壤土和砂壤土，以及有机质含量达 1% 以上，pH 值在 6.5～8.0 之间的立地条件均为最适范围。提高土壤腐殖质含量，增加有机质是平衡土壤 pH 值，改善土壤结构，提高蓄水保墒能力的有效途径。核桃喜肥、喜氮，在当年生长前期适当增施氮肥可以提高出仁率，增加生长量，合理的氮、磷、钾供应除增加产量外，还能改善核仁品质。但北方核桃在 6 月份以后氮肥施用量若稍有过量就会推迟果实成熟，造成枝梢徒长，不利于安全越冬。

4. 水分

南、北种群核桃不仅对降水量的适应力有很大差异，而且在北方核桃种群、类群之间，同一类群品种之间对降水量的适应能力也有较大差异。

（1）降雨量 年降雨量在 250 毫米以下的干旱地区，发展核桃必须有良好的灌溉条件。在具备灌溉条件下早实类群优良品种的“早、优、丰”优势就能得到有效发挥。降雨量在 250 ~ 500 毫米之间的半干旱地区，发展早实良种应在具备有一定灌溉条件下，推广节水灌溉技术，或应用水土保持工程措施，同时提倡发展晚实良种。降雨量在 500 ~ 800 之间的半湿润温暖地区，应选择抗病性较强的早实良种和具有较强丰产性和适应性强的晚实品种。年降雨量在800 ~ 1 200 毫米之间的地区是南方铁核桃优生区域。

（2）地下水位 核桃园的地下水位应在地表 2 米以下。地下水位过高核桃根系无法分布。地势平坦、降雨集中、排水不良时，根系会因土壤水分过多，通气不良，呼吸作用受阻而影响生长；严重时可使根系窒息，导致整株死亡。

随着近年来嫁接技术的突破和良种选育工作取得重大进展，以品种为主体开展的对比试验使各产区发展核桃对环境的要求能够更加准确和具体。加之我国核桃栽培历史悠久，种质资源非常丰富，只要不盲目发展，通过有目的地培育和引进，相信各地均能寻找到本区域最适宜发展的品种。

（二）园地确定应具备的基本条件

核桃标准化园应符合以下条件。

①建园地点的气候条件符合计划发展核桃品种生长发育及其对外界条件的要求。

②土壤以具有良好的蓄水保墒能力，透气良好的壤土和砂壤土为佳，土层厚度应在1米以上，pH值北方核桃为6.5～8.0，漾濞核桃为5.5～7.0，地下水水位应在地表2米以下。

③年降水量在500毫米以下的干旱、半干旱地区建园要有灌溉水源。

④年降水量在1 000毫米以上，建园地点在平地、低洼盐碱地带，应建立排水、排盐碱系统，为核桃正常生长发育创造良好的条件。

⑤建园所在地的土地相对宽裕，建园用地符合我国基本农田保护制度的政策要求，能够妥当解决林粮争地矛盾。

⑥无环境污染，能够避免工业废气、污水及过多灰尘所造成的不良影响。

⑦前茬树种为非柳树、杨树、槐树、桃树和核桃生长过的地方。

⑧核桃病虫危害程度低，具有较高的商品率，核桃采收期过多的降雨对产品质量的影响能够通过人工措施得到有效控制。

此外，建园地点的交通运输条件，技术力量及产、供、销情况等综合条件也应在园地选择时予以考虑。

二、园地规划

目前，我国以家庭联产承包责任制和土地流转后的大户经营为主要形式的土地经营制度，对核桃园地规划设计提出了具有中国特色的核桃建园规划要求。因此，规划既有利于达到“品种化栽植、规范化管理、标准化生产”的发展目标，满足不断提高我国核桃市场竞争力和开发效益的发展要求，又能适应分户经营，机械化作业，不断降低劳动强度和管理成本，为核桃产业在区域经济发展中发挥积极作用并为进一步做大、做强产业打下良好的基础。

（一）规划原则

核桃建园规划设计要根据当地社会经济发展总体规划、国民经济发展计划和产业发展要求进行编制，规划设计应遵循的主要原则是：

①核桃园的规划设计应根据建园方针、经营方向和要求，结合当地自然条件、物质条件等综合考虑，进行整体规划。

②要因地制宜地选择建园类型。建园类型按栽培目的可划分为材用型、果材兼用型、果用型三大类型。果用型又可划分为优质坚果型、鲜食型、核仁加工型三个类别。

③要根据建园类型选择适宜的品种，品种可划分为主栽品种和搭配品种。主栽品种应是通过当地品种对比试验，在坚果品质、丰产性能、抗逆性等方面表现优良的品种，搭配品种是能够满足主栽品种授粉需要且具有一定优良性状的品种。

④根据主栽品种特性确定品种配置及栽植方式，标准化核桃园栽培方式可划分两大类型。一种是集中连片栽培的纯核桃园，另一种是核桃与农作物或其他果树、药材长期间作的核桃园。

⑤有利于机械化管理和操作，以降低劳动强度和管理成本。对地形复杂，通过治理能够满足机械化作业的园地，应在规划时强化治理内容，做到先治理，后开发。

⑥充分注意地下水位及排灌系统的设计，要求达到旱能灌，涝能排。

⑦将建园栽植前的土壤改良、蓄水保墒工作，列入规划的工程措施，为核桃生长发育创造良好条件。挖大坑（壕）、施大肥、浇大水等整地措施和土壤改良方法，对核桃实现优质高产意义重大。

⑧规划设计中，努力将路、林、排灌等配套内容进行有机结合，提高土地利用率，使核桃树的占地面积不少于85%。

⑨坚持以短养长，结合利用、立体开发、果农结合的开发原则，充分提高土地利用价值，实现开发效益最大化。

⑩规划设计要尊重科学、深入群众，在充分进行调查研究的基础上倾听有关专家和群众意见，努力做到科学、可靠、可行。

（二）规划设计的步骤

核桃标准化建园规划设计按县、乡、村、户不同层次用户的要求进行，规划设计分外业调查和内业设计两个步骤开展。规划设计完成后设计单位要与用户座谈，进行意见交流和方案修订，并最终形成正式规划。

（三）规划设计的主要内容和要求

核桃标准化建园，园地规划设计的主要内容指建园规模、地块数量、土地整修、治理和土壤改良工程设计、建园类型、密度、方式、作业区划分、道路规划、排灌系统设置、品种配置、栽植方式等。在风沙较大区域规划设计还应包括防护林的设置。

建园规划设计要编绘规划图纸、年度计划、苗木需求、工程设计、设施设备购置、劳力组织及投资预算、表册和规划设计说明书。规划设计应根据下列要求进行。

①作业区的划分一要适应集约化的基本要求，同一作业区内的土壤和气候条件应基本一致。

②建园规划要到村、到户、到地块，要有利于产业管理部门对工作进度和任务完成情况进行核查、验收。

③建园类型、苗木品种必须明确。不仅符合因地制宜、适地适树的原则，而且能够满足增强市场竞争力，有利于推进规模化生产和产业化经营。

④标准化园无论是集中连片，或是间作型，在规划设计中，道路系统的安排、排灌系统的设置、栽植方式的确定等都必须有利于机械化管理和提高劳动生产率。

⑤标准化园的生长量、产量和产品质量等技术和经济指标符合国家有关标准规定的要求。

三、建园技术

我国核桃生产由自然放任状态向集约化、园艺化发展的基础是实现高起点、高标准、高质量建园，标准化建园技术不仅能够提高栽植成活率和栽后保存率，更主要是为新植幼苗提供良好的生长发育条件和充足的水肥条件，使幼树生长健壮，顺利通过发育阶段，为实现早、优、丰栽培奠定良好的基础。

（一）科学布局、确保规范

要按照园地规划设计要求和栽培目的、主栽品种特性在建园作业区以小区为单位进行栽植前的布点工作。栽植穴布点株行距，既要根据建园设计密度，又要结合栽植小区的地形地貌；既要力求整齐划一，又要便于机械作业和生产管理，在地势平坦、核桃园面积较大的地块栽植穴既要“纵成行、横成样、斜成线”，又要力求南北成行，充分利用光照；在地形复杂，坡面起伏，坡度较大的地块，布点要以水平线为行轴，充分考虑水土保持工程措施和土壤改良等丰产栽培措施能够顺利实施和开展。

目前，我国相当多的核桃园由于布点不合理，导致园貌不够美观，给生产和管理带来诸多不便。另有不少的核桃园片面追求整齐划一，忽视了当地的地形地貌，使水土保持和改土施肥难以开展，导致一大批小老树、早衰园和劣质低产园不同程度地存在。

（二）坚持高起点、把好整地关

核桃根系发达，主根强大，水平根分布广泛，宜生区、优生区生长发育的差距其实就是土壤、水肥条件高低的差距。土层深厚、土壤肥沃、结构疏松、墒情良好是核桃健壮生长、持续增产、丰产的基础和前提。栽前把好整地关是标准建园的重要环节。

1. 平地土壤改良

平整的土地，土壤改良是在防碱、防涝的前提下，对栽植穴进行重点改良。改良的方法一种是挖通壕，一种是挖大坑。

（1）挖通壕　建园地株行距确定后，一般以南北为行开挖宽、深各1米的通壕，开挖通壕时应将表土与耕作层下的生土分开堆放；通壕开挖达到标准之后，先将秸秆和农家肥分层回填，再将表土（包括通壕两边）回填，最后将生土摊平。此项措施在劳力、秸秆和农家肥充足且有一定灌溉条件的区域应大力提倡。

（2）挖大坑 根据布点位置，开挖长、宽各 1 米，深 0.8 米以上的大坑，挖坑时将表土与生土分开堆放，回填与挖通壕要求一致。有灌溉条件的地方将秸秆、肥料回填后灌一次水，待回填物充分沉淀后，随即进行栽植；无灌溉条件的地方，提倡雨季前进行挖坑和回填，雨季过后，回填物不仅能充分沉淀并腐熟，而且坑内墒情良好，能够避免新栽苗木“悬根”下沉，促进苗木生长。

2. 山坡、丘陵地土壤改良

核桃在我国主要分布在山区和丘陵地带，改变传统的建园整地习惯，以土壤改良和保土蓄水为核心，加大工程措施，确保水肥充足是建园前各项准备工作的重点。

（1）坡地达 5 ~ 15°的缓坡地 应先修梯田，再挖大坑改良土壤栽植，改良土壤应充分利用坡地的杂草和腐殖土。干旱、半干旱地区应充分利用穴施水肥灌溉技术及覆草技术“增收节支”。降雨量 1 000 毫米以上的湿润地区，整地应外部略高，尽量减少根部积水，避免水涝发生。

（2）坡度在 16 ~ 25°之间的坡地 修坡地梯田工程量过大，或由于地形较为复杂无法修筑，可沿等高线先修鱼鳞坑，改良土壤（要求同上）。此类地块栽植后应逐步进行扩盘保水、土壤改良工作，最后修成复式梯田或水平阶式核桃园。

（三）把好苗木质量关，确保良种壮苗

目前，随着嫁接技术取得重大突破，栽植良种嫁接苗已成为全国各地努力发展的方向。这一技术的突破，为中国核桃的发展带来历史性的变革。但是嫁接是手段，品种化栽植、丰产化栽培、高经济效益才是目的。

由于当前各地对嫁接苗生产经营还未建立起有效的资质认证和市场准入机制，管理滞后再加之大部分群众还不具备对核桃优良品种苗木的鉴定、识别能力，核桃苗木市场混乱带来盲目发展的问题其严重性不容忽视。为此建议：

①县、乡或县以上政府及有关部门在制定核桃发展规划时，应在充分考察和科学论证的基础上，将核桃苗木基地建设放在优先地位列入发展规划，坚持核桃建园苗木先行的方针。

②由于嫁接苗培育是一个技术性和系统性较强的工作，牵扯到采穗圃建立、人员培训、砧木培育、接后管理等内容。以村或户为单位的建园应在考察的基础上，从一定资质和可靠度的机构或单位调运、购买苗木。

③购买苗木要掌握苗木等级的相关知识，坚持等外苗木不入地。外购苗木，要严格履行检疫手续，运输中要注意防止风吹、日晒、冻害以及保湿和防霉。无论是就地掘苗还是外购苗木，均应进行品种核对、苗木分级及打捆清数。当时不栽的苗木应按要求进行根系消毒并及时假植。

（四）建园栽植、抢墒适时

核桃建园栽植核心是提高成活率和保存率，关键是为新植苗木成活保存创造有利的环境和条件，要求是“栽实苗正、根系舒展”，标准是成活率达95%以上，保存率达90%以上，方法是“三埋、两踩、一提苗”。具体步骤是：

1. 修根蘸浆、增墒保墒

核桃苗木定植前，应对根系进行检查，将根系达不到标准的苗木和合格苗木进行分类，尽可能地避免将不合格苗木定植。对合格苗木要进行修根；对伤根烂根应进行剪除，对过长和失水的茎根也应进行疏除或短截；修根完成后，将苗木放在水中浸泡10~12小时，使根系充分补充水分；风量较大和气候干燥的地区，定植前应对苗木根系进行蘸浆，蘸浆所用的泥土可适当搅拌磷肥和保水剂，也可使用生根粉。

核桃栽培时期分为春栽和秋栽。北方个别区域冬季极端气温低于 -25℃以上，冻土层较深，不宜采用秋栽。大部分核桃产区无论春栽或秋栽，都要根据当地气候条件，以土壤墒情优劣为确定能否进行栽植的主要参考和依据。抢墒栽植能够达到事半功倍的目的。

2. 栽正栽实、根痕平齐

“三埋、两踩、一提苗”是指第一次埋土、提苗后再对回填土进行踩实；第二次、第三次先埋后踩。主要目的是通过分层、分次回填、踏踩，使定植苗木根系不仅舒展而且与土壤结合紧密。悬根漏气和窝苗是当前影响核桃栽植成活及栽后正常生长发育的主要问题。悬根的原因是回填时没有做到分层回填、分层踩实，使空气通过土坑空隙蒸发苗木根系水分，造成漏气伤苗；窝苗主要原因是栽植时害怕根系失水，使苗木根痕比地面低 5 厘米以上，由于根系太深致使呼吸困难，通气性太差，使栽后苗木成活率虽然较高，但生长缓慢、发育不良。

3. 浇水覆膜，巩固成果

标准化建园，巩固栽植成果的主要技术措施是栽后要及时进行浇水和覆膜。栽后浇水俗称“封根水”，通过浇水不仅能显著增加苗木根系土壤墒情，而且浇水后由于产生沉淀作用，也可以使土壤与苗木根系结合得更加紧密。

我国北方地区春季风大，空气湿度小，抢墒栽植和栽后浇水还不足以确保缓苗期土壤墒情持续良好。通过覆膜既可保墒，又能提高地温，促使新栽幼苗根系恢复和生长，对于巩固栽植成果意义和作用重大，应大力推广和应用。覆膜一般要求采用规格 1 米 ×1 米的农膜。农膜四周用土盖严实，并减少土壤截光面，膜中与苗木用土封盖，并略低于外侧，以利降雨从膜中下渗到苗木根系补充水分。同时在夏季高温到来前应及时进行覆膜复查，避免农膜互相缠绕导致对根颈部的灼伤。

（五）栽后管理

建园当年，新栽幼苗处于成活和根系恢复阶段，加强栽后管理，确保幼苗幼树健壮生长及安全越冬是一项主要的工作。

1. 留足营养带，避免间作物争水、争肥、争光

核桃幼树期间作、套种是提高土地利用率的一项有力措施。但是间作、套种必须处理好与主业的关系，标准化建园栽植地块应避免在小麦地进行，否则小麦收割后幼树因温度变化较大会造成死亡；建园后进行间作，也应禁止套种高秆作物和宿根系药材，间作以薯类、豆科植物为最佳；间作、套种必须在树行间留足1.5米营养带，以确保间作物不与幼树争水、争肥、争光。

2. 加强中耕、除草，促进生长

栽植当年幼树很容易被杂草掩盖，尤其是6～8月幼树快速生长期，也是杂草疯长时期，加强管理，及时松土、除草，避免草荒是促进苗木生长、保障建园成效的一项主要管理内容。

3. 及时除萌，避免养分浪费

采用嫁接苗建园，由于定干等措施的使用，很容易造成嫁接部位以下砧木萌发新芽，如不及时检查、及时发现，新生萌芽不仅浪费营养，抑制嫁接部位以上生长，而且可能导致嫁接部分以上死亡，产生不可挽回的损失。及时复查、除萌是一项重要工作内容。

4. 核查成活，及时补栽

春季萌芽展叶后，应及时进行成活情况检查，发现未成活情况，及时补植。

5. 合理定干，促进成形

核桃新建园，要达到成园整齐，可按苗木等级和生长情况进行合理定干。定干分当年定干和次年定干两种方法，当年定干要求苗高均在1米以上，且生长健康，苗木定干部分充实，定干高度根据建园要求可控制在0.6～1.2米之间。次年定干是苗木大部

分高度未达到定干要求，可在嫁接部位以上2~3个芽处进行重短截（剪口要封严），短截后要在发芽时及时定芽，一般情况下只要水肥充足，管理得当，第二年均可达到定植高度。

6. 加强越冬保护，防止抽条

北方寒冷地区，幼树越冬易因生理干旱而抽条，幼树越冬管理应采用压土埋苗、整袋装土、内缠卫生纸外裹塑料薄膜等措施，降低水分蒸腾，避免冬季冻害和抽条发生。

第六章　核桃园土肥水管理技术

土肥水管理是核桃生产中的基础内容和根本措施。核桃树是多年生植物，树大根深，长期生长在一个地方，必须从土壤中吸收大量的营养物质，才能满足其生长发育的需要。我国的核桃园往往建在土壤条件较差的山地、沙地和盐碱地上，土壤有机质含量低，水利设施配套差。为了提高核桃园的生产效益，确保早结果、早丰产、稳产、优质，只有在核桃园的土肥水管理上下工夫。

一、土壤管理方法、要求与标准

土壤资源只有在合理开发利用和科学管理的基础上，才能充分发挥其应有的作用，如果在核桃生产中只注重当前利益，忽视了土壤的科学利用和管理，就会出现一系列问题，从而影响核桃生产效益。

（一）深翻改土

深翻改土是核桃园改良土壤的重要技术措施之一。它不仅有利于改善土壤结构、增加透气性、提高保水保肥能力、减少病虫害发生，还有利于根系分布向深处发展，扩大树体营养吸收范围。具体方法是：每年或隔年采果前后沿大量须根分布区的边缘向外扩宽50厘米左右，深挖60～80厘米的沟，然后将表层土和基肥、秸秆混合填满沟并踏实，最后大水浇灌。深翻时应尽量避免伤及1厘米以上的粗根。

（二）中耕、除草

中耕和除草是核桃园土壤管理中经常采用的两项紧密结合的技术措施，中耕是除草的一种方式，除草也是一种较为简单的中耕。

（1）中耕　其主要作用是改善土壤温度和通气状况，消灭杂草，减少养分、水分竞争，造就深、松、软、透气和保水保肥的土壤环境，以促进根系生长，提高核桃园的生产能力。中耕在整个生长季中可进行多次，在早春解冻后及时耕耙或全园浅刨，并结合镇压，以保持土壤水分，提高土温，促进根系活动。秋季可进行深中耕，使干旱地核桃园多蓄雨水，涝洼地核桃园可散墒，防止土壤湿度过大及通气不良。

（2）除草　除草在不需要进行中耕的土地进行，也可单独进行。杂草不但与核桃树竞争养分和阳光，有的还是病害的中间寄主，又是害虫的栖息处，容易导致病虫害发生、蔓延。因此，需要经常进行除草工作。除草宜选择晴天进行，近些年因劳力紧缺，人力除草费用较高，许多专业户采用化学除草剂除草。若使用百草枯、草甘膦等药物除草，效果良好。一般百草枯多用于浅根、无地下茎及阔叶杂草，每667平方米（1亩）用20%百草枯150～200毫升，兑水750～1 000升；草甘膦多用于深根、有地下茎的1年生和多年生杂草，每667平方米用41%草甘膦300～360毫升，兑水75～100升。若核桃园有上述两类杂草，可将百草枯与草甘膦交替或混合使用，除草效果更显著。施药时注意不能喷到树上，尽量离植株一定距离，可在喷头戴个保护罩，喷头向下，最好在无风时进行。

（三）生草栽培

以往果园土壤管理多采用全园清耕法，这种方法虽然能够及时清除杂草，疏松土壤，使土壤通气良好，但长期清耕会使土壤裸露，表土流失，养分溶脱，土壤团粒结构破坏。目前，主张在一些有灌溉条件的地区推广生草少耕栽培法。生草少耕法是指在果园行间人工种草或自然留草，树盘外全部生草的一种果园管理方法。这种方法既可有效地增加土壤覆盖度，避免园土被冲刷，又可改善土壤团粒结构，增加土壤有机质。同时在夏、秋高温、干旱季节可以稳定果园土壤温度、湿度，改善果园生态环境，促进果园有益生物如瓢虫、捕食螨、草蛉等繁衍。其主要方法是：

（1）生草少耕　一年中进行2～3次中耕除草工作，中耕时对树盘内浅耕，促进根系生长。行间保持自然生草，可以起到提高冬季和早春土温，减少水土流失，改善果园生态环境，防止高温落果的作用。自然生草的草种主要是选用生长量大、矮秆、浅性须根、与核桃无共同病虫害且有利于核桃害虫的天敌及微生物繁殖的杂草，如毛叶苕子、白三叶草等，生草前应及时人工或用除草剂除去其他恶性杂草，如白茅、香附子、马根草等。

（2）覆盖抗旱　在冬春干旱，特别是夏季持续高温伏旱的时候，将行间生草及时刈割，覆盖地表或任其自然枯萎，也可用除草剂加速枯萎，对树盘、行间全面覆盖（离根颈15～30厘米内不能覆盖）。秋季压入土壤中，可以起到减少水分蒸发、降温、保温、防止水土流失的作用。

（3）适时深耕　连续4～5年生草后，结合草种更新，全园深翻一次，以改良深层土壤结构，提高土壤透气性。

当然，生草栽培不是不加控制地让杂草无限度地生长，而是在人为控制情况下，抑制恶性杂草生长，培育良性草的优势种群，并且将其高度控制在30～50厘米左右，一般7月底雨季结束前要刈草一次，10月中下旬再刈草一次。

（四）园地覆盖

果园覆盖技术是指用秸秆（小麦秆、油菜秆、玉米秆、稻草等农副产物和野草）或薄膜覆盖果园的方法。在果园中进行覆盖，能增加土壤中有机质含量，调节土壤温度（冬季升温、夏季降温），减少水分的蒸发与径流，提高肥料利用率，控制杂草生长，避免秸秆燃烧对环境造成的污染，提高果实品质。

（1）覆草　一年四季都可进行，但以夏末、秋初为最好。覆草厚度以 15 ~ 20 厘米为宜，并在草上进行点状压土，以免被风吹散或引起火灾。

（2）覆盖地膜　一般选择在早春进行，最好是春季追肥、整地、浇水或降雨后，趁墒覆盖地膜。覆盖地膜时，四周要用土压实，最好使中间稍低以利于汇集雨水。在干旱地区覆盖地膜可显著提高幼树的成活率，所以对新植的幼树覆地膜尤为重要。

（五）合理间作

核桃园间作，在国内外均有成功的实例，在生产上也日益受到重视。核桃较其他果树容易管理，与粮食作物没有共同的病虫害，一般年份，病虫发生较轻，用药次数少，不会污染环境。肥水方面虽存在矛盾，但是只要加强肥水管理，科学调整粮食作物，便能获得树上、树下双丰收。因此，核桃园间作，不仅可以充分利用光能、地力和空间，特别是可以提高幼龄核桃园的早期经济效益。例如单一种植的早实核桃园，需 4 年时间才能达到收支平衡，间作栽培的核桃园则在建园当年就因间种作物的收益而达到收支平衡。目前，核桃园间作，已成为我国果农普遍采用的一种重要的栽培方式。

间作物的种类方面，国外主要在行间种植绿肥作物，如三叶草、毛叶苕子或豆科植物，目的在于抑制草荒、增加土壤有机质，同时也可以增加肥源。国内间作的植物种类较多，包括薯类、豆科等低秆类作物，禾谷类作物以及果树苗木。河南省南阳市在核桃园中套种中药材、小辣椒也取得了很好的收益。具体间作什么作物，要依据核桃园条件、肥力等因素的不同区别对待。

①在立地条件好、肥力高的地块，可以实行果、粮间作。这时，核桃树的栽培株行距比较大，可以间作豆类、花生、瓜菜

等。我国的河南、河北、山西、云南、西藏等地均有此种模式。

②对立地条件比较好的老核桃园或密植核桃园，园内树冠接近郁闭的，树冠下面和行间荫蔽少光，不适宜间种作物。但可以培养食用菌来增加收入。

③利用荒山、滩地营建起来的核桃园，大多立地条件差、肥力较低，核桃树生长势不旺。这一类地块应该间作绿肥或豆类作物，以增加土壤有机质，改善土壤结构，提高肥力。

二、施肥原则、方法与标准

（一）肥料选择标准

20 世纪 70 年代以来，随着化肥的开发与应用，化肥的用量大幅度增长，有机肥使用量不断减少，大有以化肥取代有机肥的趋势。化肥在核桃的生产中起到了举足轻重的作用，但化肥的大量使用也有很多不良之处，如造成土壤污染、地下水污染、土壤板结、病虫害严重发生和核桃品质下降，甚至造成增产、增收幅度小等现象。这也与目前发展绿色食品，以及农业走可持续发展道路相矛盾。因此在施肥时，应坚持以有机肥料如腐熟的厩肥、堆肥和饼肥、绿肥等为主，配合施用适量化肥；以土壤施肥为主，配合根外施肥（叶面喷肥）的原则，选用符合生产无公害果品要求的肥料，进行科学施肥。

选择肥料时，不仅要考虑核桃的树龄、树势、品种、立地条件和树体生长状况，还要充分考虑养分平衡、肥料利用率、肥料搭配等因素。

（二）核桃不同时期的施肥标准

核桃喜肥。据有关资料，每收获 453.6 千克核桃要从土壤中夺走纯氮 12.25 千克。丰产园每年每 100 平方米要从土壤中夺走氮 90.7 千克。适当多施氮肥可以增加核桃出仁率。氮、钾肥还可以改善核仁品质。但核桃在不同个体发育时期，其需肥特性有很大差异，在生产上确定施肥标准时，一般将其分为幼龄期、结果初期、盛果期和衰老期4个时期。

1. 幼龄期

从建园定植开始到开花、结果前均是核桃树的幼龄期。此期根据苗木情况不同，持续的时间也不同，早实核桃品种一般2~3年，如：鲁光、丰辉、香玲、辽宁1、辽宁3、辽宁4号、中林1号、中林5号、西扶1号等；晚实核桃品种一般3~5年，如晋龙1号、晋龙2号、西洛2号、清香等；实生种植苗可在2~10年不等。此期间，营养生长占据主导地位，树冠和根系快速地加长、加粗生长，为迅速转入开花、结果积蓄营养。栽培管理和施肥的主要任务是促进树体扩根、扩冠，加大枝叶量。此期应大量满足树体对氮肥的需求，同时注意磷、钾肥的施用。

2. 结果初期

此期是指开始结果至大量结果且产量相对稳定的一段时期。营养生长相对于生殖生长逐渐缓慢，树体继续扩根、扩冠，主根上侧根、细根和毛根大量增生，分枝量、叶量增加，结果枝大量形成，角度逐渐开张，产量逐年增长。栽培管理和施肥的主要任务是，保证植株良好生长，增大枝叶量，形成大量的结果枝组，树体逐渐成形。此期对氮肥的需求量仍很大，但要适当增加磷、钾肥的施用量。

3. 盛果期

此期核桃树处于大量结果时期。营养生长和生殖生长处于相对平衡的状态，树冠和根系已经扩大到最大限度，枝条、根系均开始更新，产量、效益均处于高峰阶段。此期，应加强施肥、灌水、植保和修剪等综合管理措施，调节树体营养平衡，防止出现大小年结果现象，并延长结果盛期时间。因此，树体需要大量营养，除氮、磷、钾外，增施有机肥是保证高产稳产的措施之一。

4. 衰老期

此期，产量开始下降，新梢生长量极小，骨干枝开始枯竭衰老，内部结果枝组大量衰弱，直至死亡。此期的管理任务是通过修剪对树体进行更新复壮，同时加大氮肥供应量，促进营养生长，恢复树势。

实际操作时，核桃园施肥标准需综合考虑具体的土壤状况、个体发育时期及品种的生物学特点来确定。由于各核桃产区土壤类型繁杂，栽培品种不同，需肥特性不尽相同，各地肥水管理水平差异较大，因此，施肥时可根据具体条件，参照表 6－1 灵活执行。

表 6－1 核桃树施肥时期及标准

时期	树龄（年）	每株树平均施肥量（有效成分）（克）			有机肥（千克/株）
		氮	磷	钾	
幼树期	1～3	50	20	20	5
	4～6	100	40	50	5
结果初期	7～10	200	100	100	10
	11～15	400	200	200	20
盛果期	16～20	600	400	400	30
	21～30	800	600	600	40
	>30	1200	1000	1000	>50

（三）施肥方法

核桃树在一年的生长过程中，可分为两个阶段：生长期和休眠期。生长期从春季芽萌动开始，经过展叶、开花、坐果、枝条生长、花芽分化及形成、果实发育、成熟、采收，直至落叶结束；休眠期从落叶后开始到第二年春季芽萌动前为止。在一年的生长发育中，开花、坐果、果实发育、花芽分化和形成期均是核桃树需要营养的关键时期，应根据核桃的不同物候期进行合理施肥。

1. 基肥

多以迟效性有机肥为主。其能够在比较长的时间内，为树木生长发育提供含有多种营养元素的养分，且能很好地改良土壤理化性质。基肥可以秋施也可以春施，但一般以秋施为好。秋季核桃果实采收前后，树体内的养分被大量消耗，并且根系处于生长高峰，花芽分化也处于高峰时期，急需补充大量的养分。同时，此时根系生长旺盛有利于吸收大量的养分，光合作用旺盛，树体贮存营养水平提高，有利于枝芽充实健壮，增加抗寒力。

秋施基肥宜早为好，过晚不能及时补充树体所需养分，影响花芽分化质量。一般核桃基肥在采收后（9 月份）施入为最佳时间。施肥以有机肥为主，加入部分速效性氮肥或磷肥。施基肥可以采用环状施肥、放射状施肥或条状沟施肥等方法，但以开沟 50 厘米左右深施，或结合秋季深翻改土施入最好。施肥时一定要注意全园普施、深施，然后灌足水分。

2. 追肥

追肥是为了满足树体在生长期急需的养分，特别是生长期中的几个关键需肥时期，而施入以速效性肥料为主的肥料。它是基肥的必要性补充。

追肥的次数和时间与气候、土壤、树龄、树势诸多因素均有关系。高温多雨地区、砂质壤土、肥料容易流失，追肥宜少量多次；树龄幼小、树势较弱的树，也宜少量多次性追肥。追肥应满足树体的养分需要，因此，施肥与树体的物候期也紧密相关。萌芽期新梢生长点较多，花器官中次之；开花期，树体养分先满足花器官需要；坐果期，先满足果实养分需要，新梢生长点次之。全年中，开花坐果时期是需肥的关键时间，幼龄核桃树每年追肥 2～3 次，成年核桃树追肥 3～4 次为宜。

（1）第一次追肥　根据核桃品种及土壤状况不同进行追肥，早实核桃一般在雌花开放以前，晚实核桃在展叶初期（4 月上中旬）施入。此期，是决定核桃开花坐果、新梢生长量的关键时期，要及时追肥以促进开花坐果，增大枝叶生长量，肥料以速效性氮肥为主，如硝酸铵、磷酸氢铵、尿素，或者是果树专用复合肥料。施肥方法以放射状施肥、环状施肥、穴状施肥均可，施肥深度应比施基肥浅，以 20 厘米左右为佳。

（2）第二次追肥　早实核桃开花后，晚实核桃展叶末期（5 月中下旬）施入。此期，新梢的旺盛生长和大量的坐果需消耗大量养分，及时追施氮肥可以减少落果，促进果实的发育和膨大，同是促进新梢生长和木质化形成。另外，核桃树在硬核期的前1～2 周内，也正是形成雌花芽分化的基础阶段，适时适量增施速效性肥料，能够提高氮素的营养水平，增加树体碳水化合物的积累，有利于花芽的分化。肥料以速效性氮肥为主，增施适量的磷肥（过磷酸钙、磷矿粉等）、钾肥（硫酸钾、氯化钾、草木灰等）。施肥方法与第一次追肥方法相同。

（3）第三次追肥　结果期核桃 6 月下旬硬核后施入。此期，核桃树体主要进入生殖生长旺盛期，核仁开始发育，同时花芽进入迅速分化期，需要大量的氮、磷、钾肥。肥料施入以磷肥和钾肥为主，适量施氮肥。如果以有机肥进行追肥，要比速效性肥料提前 20～30 天施入，以鸡粪、猪粪、牛粪等为主，施用后的效果会更好。追施方法同第一次追肥。

（4）第四次追肥　果实采收以后施入。采果后，由于果实的发育消耗了树体内大量的养分，花芽继续分化也需要大量的养分。应及时补充土壤养分，以供调节树势，增进花芽分化质量，增加树体养分积累，提高树木抵抗不良环境的能力，增加抗寒能力，顺利过冬。

3. 叶面喷肥

又称根外追肥，是土壤施肥的一种辅助性措施，是将一定浓度的肥料溶液用喷雾工具直接喷洒到枝叶上，从而提高果实质量和数量的施肥方法。

叶面喷肥利用了果树上部，包括茎、叶、果皮等器官能直接吸收养分的特性，具有直接性和速效性等优点。一般根外施肥 15

分钟到 2 小时左右便可以吸收，特别是在遇到自然灾害或突发性缺素症时，或者为了补充极易被土壤固定的元素，通过根外施肥可以及时挽回损失。因此，根外追肥成本低，操作简单，肥料利用率高，效果好，是一种经济有效的施肥方式。

根外追肥的肥料种类、浓度、喷肥时间主要依土壤状况、树体营养水平具体而定。常用的原则是：生长期前期浓度可适当低些，后期浓度可高些，在缺水少肥地区次数可多些。一般根外施肥宜在上午 8～10 点或下午 4 点以后进行，阴雨或大风天气不宜进行，如遇喷肥 15 分钟之后下雨，可在天气变晴以后补施一遍最好。

喷肥一般可喷 0.3%～0.5% 尿素、过磷酸钙、磷酸钾、硫酸铜、硫酸亚铁、硼砂等肥料，以补充氮、磷、钾等大量元素和其他微量元素。花期喷硼可以提高座果率。5～6 月份喷硫酸亚铁可以使树体叶片肥厚，增加光合作用，7～8 月喷硫酸钾可以有效地提高核仁品质。

三、水分管理

目前，在核桃生产中，水分管理也是综合管理中一项重要措施，正确把握灌水的时间、次数和用量，显得十分重要。

（一）核桃树对水分的需求时期与量

1. 核桃的需水特性

核桃对空气的干燥度不敏感，但却对土壤的水分状况比较敏感，长期晴朗而干燥的气候，充足的日照和较大的昼夜温差，只要有良好的灌溉条件，能促进核桃大量开花结实，并提高果仁品质和产量。核桃幼龄期树生长季节前期干旱，后期多雨，枝条易徒长，造成越冬抽条；土壤水分过多，通气不良，根系的呼吸作用受阻，严重时使根系窒息，影响树体生长发育。土壤过旱或过湿，均对核桃的生长和结实状况产生不良的影响。因此，根据核桃树的代谢活动规律，进行科学灌水和排水，才能保证树体的根、枝、叶、花、果的正常分化和生长，达到核桃的优质高效生产。

2. 灌水时期的确定

核桃属于生长期需水分较多树种。水分的供给，通过根系从土壤中吸收，然后被运送到树体地上部各器官的细胞中，由于细胞膨压的存在才使各器官保持其各自的形态。

一般情况下，年降水量在600～800毫米，且降水量分布均匀的地区，可以满足核桃生长发育的需要，不需要灌水。但在降水量不足或者年分布不均的地区，就要通过灌水措施补充水分。我国南方核桃产区，年降水量在800～1 000毫米，不需要灌水，但北方的年降水量却在500毫米左右，并且经常出现春季、夏季雨水分配不均，缺水干旱的现象，应该通过灌水补充水分。

一年当中，树体的需水规律与器官的生长发育状况是密切相关的。关键时期缺水，就会产生各种生理障碍，影响核桃树体正常生长发育和结实，因此，要通过灌水来保证核桃生长发育的需要。但灌水的时间与次数，应根据当地的立地条件、气候变化、土壤水分和树体的物候期具体确定。以下是核桃生长发育过程中几个需水关键时期，如果缺水，需要通过灌溉及时补充水分。

（1）春季萌芽开花期　此期（3～4月），树体需水较多，经过冬季的干旱和蓄势，核桃又进入芽萌动阶段且开始抽枝、展叶，此时的树体生理活动变化急剧而且迅速，一个月时间要完成萌芽、抽枝、展叶和开花等过程，需要大量的水分，才能满足树体生长发育的需要。此期如果缺水，就会严重影响新根生长、萌芽的质量、抽枝快慢和开花的整齐度。因此，每年要灌透萌芽水。

（2）开花后　此期（5～6月），雌花受精后，果实进入迅速生长期，占全年生长期的80%以上。同时，雌花芽的分化已经开始。均需要大量的水分和养分，是全年需水的关键时期。干旱时，要灌透花后水。

(3) 花芽分化期　此期 (7~8 月)，核桃树体的生长发育比较缓慢，但是核仁的发育刚刚开始，并且急剧、迅速，同时花芽的分化也正处于高峰时期，均要求有足够的养分、水分供给树体。通常核桃正值北方的雨季，不需要进行灌水，如遇长期高温干旱的年份，需要灌足水分，以免此期缺水，给生产造成不必要的损失。

(4) 封冻水　10 月末至 11 月落叶前，树体需要进行调整，应结合秋施基肥灌足封冻水。一方面可以使土壤保持良好的墒情；另一方面，此期灌水能加速秋施基肥快速分解，有利于树体吸收更多的养分并进行贮藏和积累，提高树体新枝的抗寒性，也为越冬后树体的生长发育贮备营养。

3. 灌水量的确定

最适宜的灌水量，应在一次灌溉中能使核桃根系分布范围内的土壤湿度达到最有利于生长发育的程度，若只浸润表层或上层根系分布范围，不能达到灌水的要求，并且，由于多次补充灌溉，容易引起土壤板结。因此，必须一次灌透。一般需要灌透 1 米深为宜。对于灌水量的计算方法有多种，这里只介绍一种比较常用的方法。根据不同土壤的持水量，即根据灌溉前的土壤湿度、土壤容重、要求土壤浸湿的深度，计算一定面积的灌水量，公式如下：灌水量 = 灌溉面积 × 土壤浸湿深度 × 土壤容重 × (田间持水量 - 灌溉前土壤湿度)。假设要灌溉 1 公顷 (15 亩) 核桃园，使 1 米深度的土壤湿度达到田间持水量 (23%)，该土壤容重为 1.25，灌溉前根系分布层的土壤湿度为 15%。按上述公式计算：灌水量 = 15 × 666.7 × 1 × 1.25 (0.23 - 0.15) = 1 000 吨。灌溉前的土壤湿度，在每次灌水前均需测定，田间持水量、土壤容重、土壤浸湿深度等项，可数年测定一次。

（二）灌水、保墒与排水方法

1. 灌水、保墒方法

（1）*沟灌* 沟灌又叫浸灌，其优点是灌溉水经沟底和沟壁渗入土中，对核桃园土壤浸润较均匀，且不会破坏土壤结构，所以是灌溉常用的一种方法，缺点是需水量较大。

（2）*喷灌* 喷灌是利用机械将水喷射呈雾状进行灌溉。喷灌的优点是节省用水，能减少灌水对土壤结构的不良影响，工效高，喷布半径约25米。喷灌还有调节气温、提高空气湿度等改善核桃园小气候的作用。据报道，在夏季喷灌能降低果园空气温度2.0～9.5℃，降低地表温度2～19℃，提高果园空气湿度15%。喷灌也适用于地形复杂的山坡地。喷灌的设备，包括水源、动力机械和水泵构成固定的泵站，或利用有足够高度的水源与干管、支管组成。干管、支管埋入土中，喷头装在与支管连接的固定的竖管上。微型喷灌在美国很普及，是目前灌溉技术中较先进的方法。低头微型喷灌每株一个喷头，干旱时每天喷雾多次，使土壤水分保持比较合适的程度。据报道，微型喷雾能有效地减轻冻害，因而用微喷防冻，可收到明显的效果，一般能提高气温0.5～1.5℃。若改低位微型喷灌为高位，对防霜冻有更好的效果。

（3）*滴灌* 滴灌又叫滴水灌溉，是将具有一定压力的水，通过一系列管道和特制的毛管滴头，将水一滴一滴地渗入核桃树根际的土壤中，使土壤保持最适于植株生长的湿润状态，又能维持土壤的良好通气状态。滴灌还可结合施肥，不断地供给根系养分。滴灌能节约用水，据试验，滴灌比喷灌节省用水一半左右；滴灌不会产生地面水层和地面径流，不破坏土壤结构，土壤不会板结；也不至于过干或过湿，一个滴头流量2.4升/小时，每株4个滴头，连续15小时可滴水145千克，滴灌可达40～50厘米深、200厘米宽，土壤含水量可达田间持水量的70%～80%。但滴灌需要管材多，投资较大；管道与滴头容易堵塞，要求有良好的过滤设备；滴灌调节核桃园小气候的作用也不如喷灌。

(4) 加强对园区雨水的集蓄利用　在干旱少雨的北方，雨量分布不均匀，大多集中在6~8月，有限的水也会造成大量的流失，所以加强对园区雨水的集蓄利用显得十分重要。

河南省济源市经过多年的摸索和实践，总结出了一套修建水窖，集蓄雨水的配套技术。水窖是干旱、半干旱地区推行的一种用于集纳雨水，保存和利用雨水的封闭式储水设施。修建水窖要注意几点：一是要有一定的径流面积，保证暴雨过后有足够的径流灌满水窖；二是要水层厚度不小于5米；三要进行严格的防渗处理。建造水窖规格及技术要点如下：

Ⅰ. 水窖规格

①水窖主体：包括窖口、瓶颈段、蓄水段三部分。水窖体为坛形，口小肚大，此形既能多蓄水又能防冻、防蒸发，便于保护。

窖口：窖口直径0.8米。

瓶颈段：窖口到蓄水段的不蓄水段为较细的瓶颈段，深度为1.5米左右。

蓄水段：水窖蓄水部分即水窖的主体部分，深度为4.5米，直径由顶部逐渐加大，最大直径为4米。然后逐步缩小，窖底直径为3米。

从窖口到窖底总深度为6米。

②水窖附属设施：包括窖口台、窖盖、进水管、沉淀池、集水沟等。

窖口台：用以保护窖口，并防止水的蒸发，保护人畜安全。

窖盖：用水泥钢筋制成，直径0.9米。

进水管：用于将沉淀池中的水引入水窖，进水管可以是塑料管，也可是水泥管。

沉淀池：一般宽1米，长1.5米，深1米。沉淀池距窖口2~3米。

集水沟：用以将汇水面径流引进沉淀池。

Ⅱ. 施工技术要点

①水窖开挖至少需要2人，施工时要注意安全，如遇砂砾层和软土层应停挖，另选窖址。

②施工最好在春秋季，如雨季施工应将窖口用土围好，防止地面水流入水窖。

③窖挖好后将窖壁整光，并挖出3个扣带，上、中、下分布均匀，起支撑加固作用，每个扣带宽、深各0.1米。

④窖壁、窖底抹水泥三层，砂浆中水泥和沙的配比为：第一层1:3，第二、三层1:2，砂浆抹层总厚为3～4厘米，第三层随压光净面，最后涮浆一层。

（5）保墒方法

①薄膜覆盖：一般在春季的3～4月份进行，覆盖时可顺行覆盖或只在树盘下覆盖。覆膜能减少水分蒸发，提高根际土壤含水量；盆状覆膜具有良好的蓄水作用；覆膜提高土壤温度，有利于早春根系生理活性的提高，促进微生物活动，加速有机质分解，增加土壤肥力；覆膜还能明显提高幼树栽植成活率，促进新梢生长，有利于树冠迅速扩大。

②果园覆草：一年四季均可，以夏季（5月份）为好，提倡树盘覆草，覆草时注意新鲜的覆盖物最好经过雨季初步腐烂后再用，覆草后不少害虫栖息草中，应注意向草上喷药，起到集中诱杀效果，秋季应清理树下落叶和病枝，防治早期落叶病、潜叶蛾、炭疽病等的发生。另外不少平原地区总结改进了核桃园覆草技术，即进行夏覆草、秋翻埋的树盘（树畦）覆草，每年5月份进行，用草量1 500千克左右，厚度保持5厘米左右，盖至秋施基肥时翻入地下。

③使用保水剂：保水剂是一种高分子树脂化工产品，外观像盐粒，无毒、无味、白色或微黄色，是呈中性的小颗粒，它遇到水能在极短的时间内吸足水分，其颗粒吸水膨胀350～800倍，吸水后形成胶体，即使施加压力也不会把水挤出。把它掺到土壤

中，就像一个贮水的调节器，降水时它贮存雨水，并把水分牢固地保持在土壤中，干旱时释放出水分，持续不断地供给果树根系吸收，同时，因释放出水分，本身不断收缩，逐渐腾出了它所占据的空间，又有利于增加土壤中的空气含量。这样就能避免由于灌溉或雨水过多而造成的土壤通气不良。它不仅能吸收雨水和灌水，还能从大气中吸收水分。它能在土壤中反复吸水，连续使用3~5年。

2. 排水方法

栽植在平原地带、低洼地区和河流下游地区的核桃树，地表往往会有积水或者地下水位太高，将严重影响核桃树的正常生长发育，应及时给予排水解决，以免对树体造成不利的影响或降低产量。

我国排水和降低地下水位的方法主要有：

（1）修筑台田　核桃园建在低洼易积水的地段，应在建园前修筑台田。台田的标准是：台面宽8~10米，要比地面高1~1.5米。中间留宽1.5~2.0米，深1.2~1.5米的排水沟。

（2）排除地表积水　在低洼且易积水的核桃园中，挖若干条排水沟，并在核桃园周围挖排水沟，不但有利于园内积水外排，也防止园外水流入园内。

（3）降低水位　在地下水位比较高的核桃园内，挖掘排水沟降低水位。沟的标准可根据核桃树的根系生长情况，挖深2米左右的排水沟，可使地下水位有效地降低。

（4）机械排水　对于积水量不多、面积不大的核桃园，可以用水泵进行排水。

第七章　核桃树整形修剪

核桃树如果不修剪，也可以结果，但结果少，果实小，枯枝多，寿命短。在幼树阶段，如果不修剪，任其自由发展，则不易形成良好的丰产树形结构。在盛果期，如果不修剪，就会出现内膛遮荫，枝条枯死，结果部位全部在外围，形成表面结果（图 7－1），达不到立体结果（图 7－2）的效果，而且，果实越来越小，小枝干枯严重，病虫害多，更新复壮困难。因此，合理地进行整形修剪，使树冠具有良好的通风透光条件，对于保证幼树健康成长，促进早果丰产，保证成年树的丰产、稳产，保证衰老树更新复壮、“返老还童”都具有重要意义。

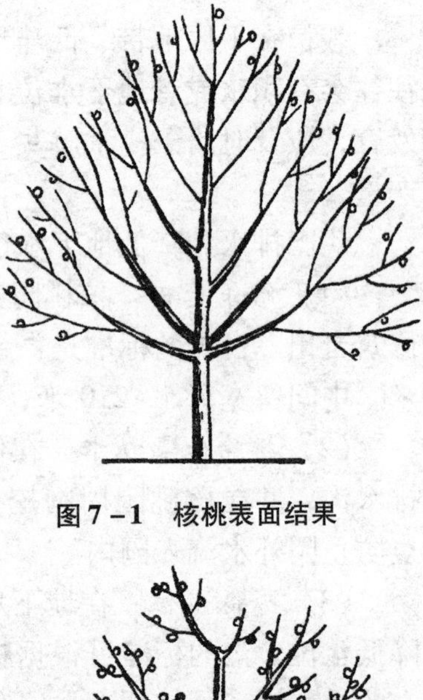

图 7－1　核桃表面结果

图 7－2　核桃立体结果

严格来说，核桃树的整形和修剪与苹果树、梨树等是一样的，最好采用疏散分层形或自然开心形等树形。但由于核桃树体高大、枝叶繁多、修剪和不修剪之间的差别不像苹果树、梨树那样有千差万别，因此，核桃树多采用一些简化操作，以提高经济效益。

一、核桃树主要采用的树形

（一）自然圆头形

放任生长的核桃树一般形成自然圆头形（图7－3）。这种树形的主要优点是：投资少、省工，可以利用树木本身的调节来达到整形和疏枝的效果。但这种树形的主要缺点是：树形乱、产量低、果实小、寿命短、易发生枝枯和病虫害。

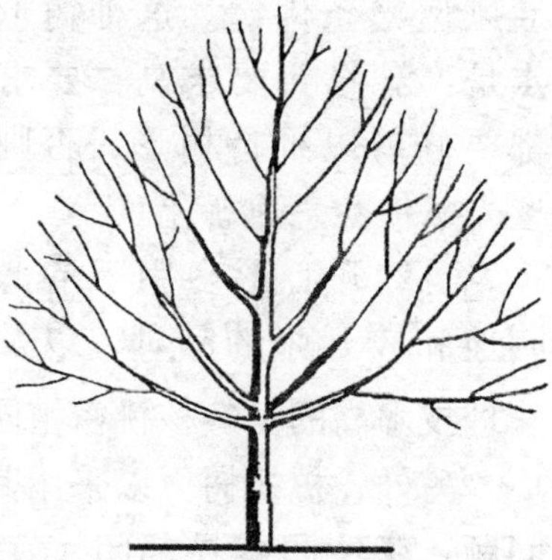
图7－3　自然圆头形

因此，在劳力紧张、对修剪技术掌握不精、树体散生、光照条件特别好的情况下，可以使用这个树形。但一定要及时除去枯枝和病虫枝，最好是每隔5～8年去掉一个在树体上方向朝南的、挡光最厉害的大枝。

（二）疏散分层形

最高产的核桃树形应该是疏散分层形（图7－4）。这种树形的主要优点是：树体高大强健，枝多而不乱，内膛光照好，寿命长、产量高。这种树形几乎没有缺点。

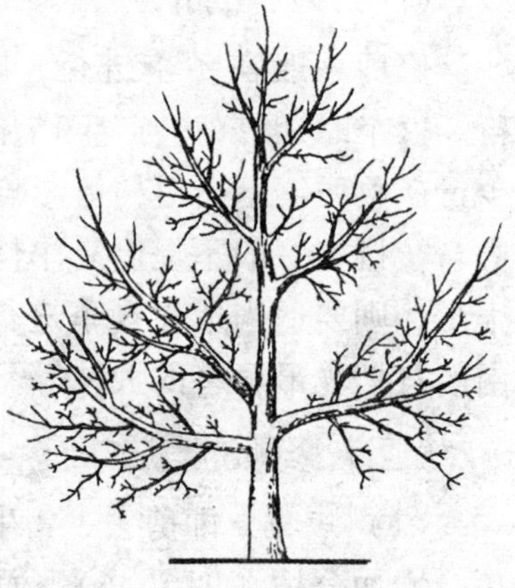
图7－4　疏散分层形

疏散分层形多用于生长条件较好、经营管理技术高的密植园及“四旁”地。

（三）自然开心形

早实核桃密植园多采用自然开心形（图 7－5）。这种树形的主要优点是：树冠成形快，结果早，通风透光条件好。这种树形的缺点是：对修剪要求高，要求每年都要修剪以维持树形，否则通风透光条件会急速恶化。

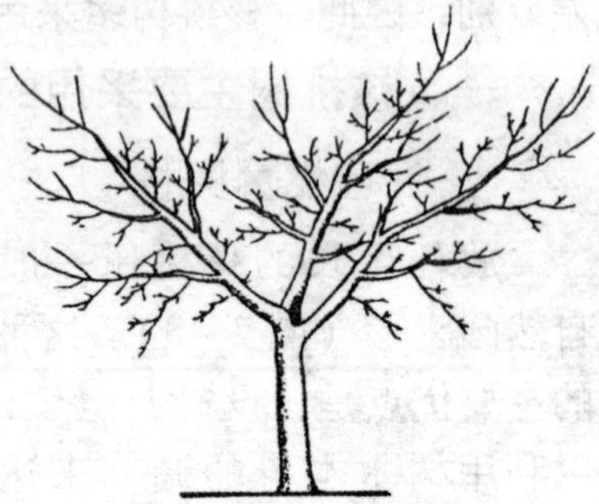

图 7－5　自然开心形

自然开心形多用于瘠薄土壤园地和较开张的品种，以及经营管理技术高的早实核桃密植园。

另外，核桃树可以采用其他树形，但总的原则是要解决光照问题：密植园容易郁闭，宜采用自然开心；稀植园、散生“四旁”树，光照条件好，宜采用疏散分层形或自然圆头形。总之，果树树形没有最好的，只有最适合的。

二、修剪的时期与方法

（一）修剪的时期

修剪一般在冬季进行，即从核桃树落叶后到来年萌芽前进行。这个时期修剪会产生伤流，但伤流的成分几乎全是水分和极少量矿物质，不会对树体影响太大。

核桃树一般不提倡夏季修剪。但如果核桃树长势很旺，结果很少，则要适当地在夏季进行锯伤、拉枝、去直立枝、去方向朝南的且挡光最厉害的大枝等。

（二）修剪的方法

（1）短截　即剪去 1 年生枝条的一部分，作用是促进新梢生长，增加分枝（图 7－6）。通过短截，改变了剪口芽的顶端优势，剪口芽部位新梢生长旺盛，能促进分枝，提高成枝力。

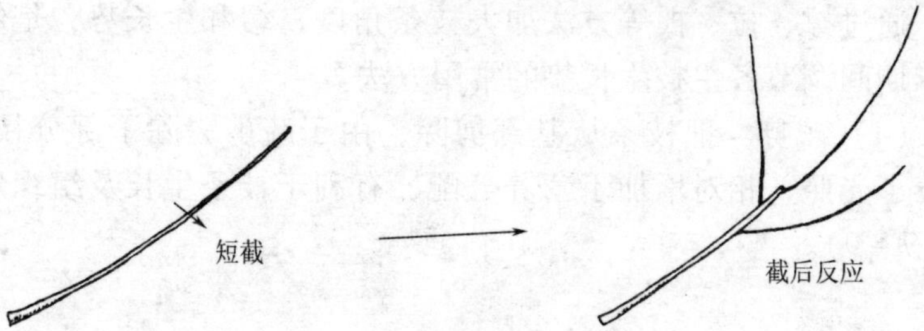

图 7－6　短截的作用

（2）回缩　即对 2 年生以上枝条进行剪截，作用是减少了枝条，使留下来的枝条和衰弱枝组更加健壮（图 7－7）。

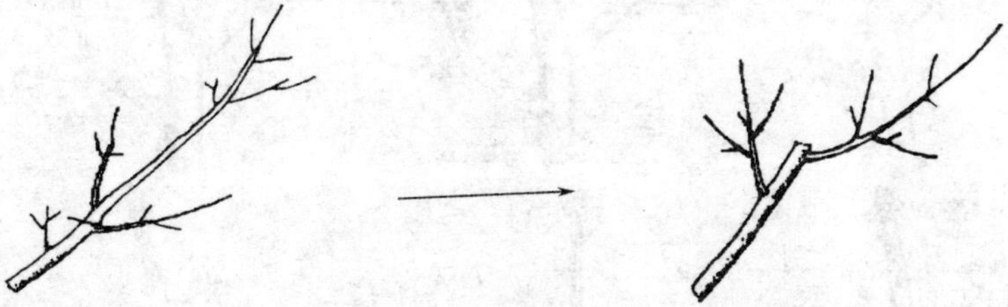

图 7－7　回缩的作用

回缩是衰弱枝组复壮和衰老植株更新修剪必用的技术。尤其是早实核桃和衰老的晚实核桃树，经过若干年结果后往往老化衰弱，利用回缩可以使它们更新复壮和“返老还童”。

（3）长放　即对枝条不进行任何剪截，也叫缓放。通过缓放，使枝条生长势缓和，停止生长早，有利于营养积累和花芽分化，同时可促发短枝（图 7－8）。

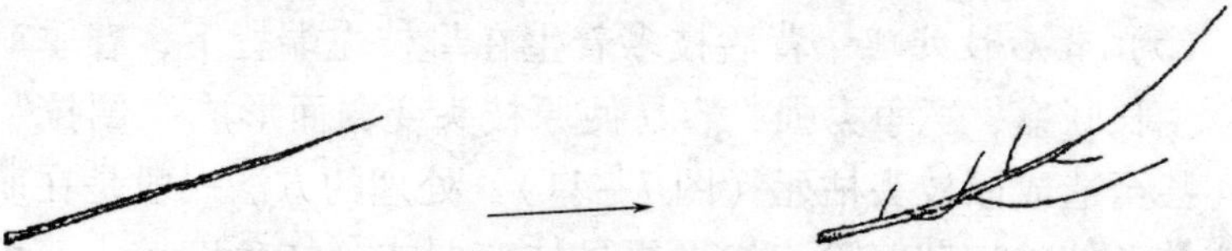

图 7－8　长放的作用

通过撑、拉、拽等方法加大枝条角度，缓和生长势，是幼树整形期间调节各主枝生长势的常用方法。

（4）疏剪　把枝条从基部剪除，由于疏剪去除了部分枝条，改善了光照，相对增加了营养分配，有利于枝条生长及组织成熟（图 7－9）。

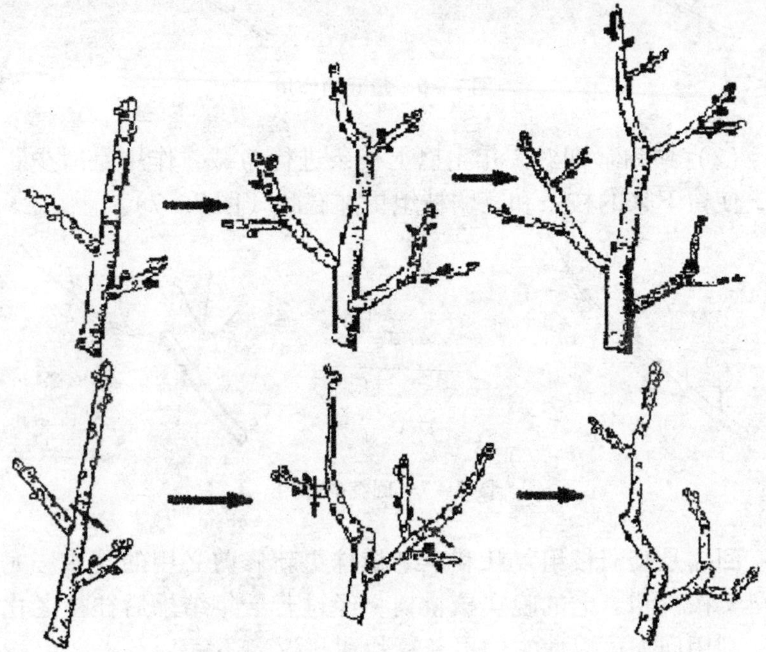

图 7－9　疏剪的作用（上图为未疏剪，下图为疏剪）

疏除的对象主要是干枯枝、病虫枝、交叉枝、重叠枝及过密枝等（图 7－10）。

（5）背后枝处理　背后枝多着生在母枝先端背下，春季萌发早，生长旺盛，竞争力强，容易使原枝头变弱而形成“倒拉”现象，甚至造成原枝头枯死（图 7－11）。处理的方法一般是在萌芽后或枝条伸长初期剪除。如果原母枝变弱或分枝角度较小，可利用背下枝上的背上枝或斜上枝代替原枝头，将原枝头剪除或培养

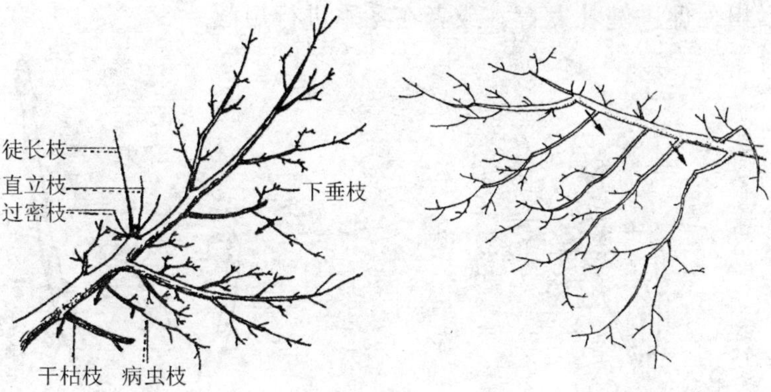

图 7－10　疏剪的对象

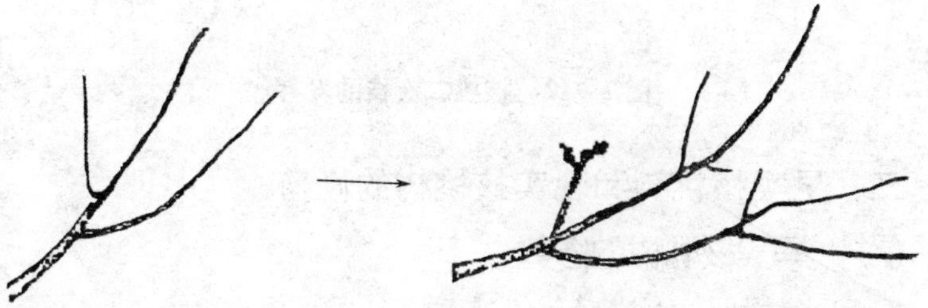

图 7－11　背后枝的发育

成结果枝组。

(6) 徒长枝处理　徒长枝多是由于隐芽受刺激而萌发的直立的不充实的枝条。一般的处理方法是及时剪去。但如果周围枝条少，空间大，则可以通过夏季摘心或短截和春季短截等方法，将其培养成结果枝组，以充实树冠空间，更新衰弱的结果枝组。

(7) 二次枝处理　早实核桃结果后容易长出二次枝（图 7－12）。控制方法主要有：第一，在二次枝抽生后未木质化之前，剪除二次枝。第二，凡在一个结果枝上，抽生 3 个以上的二次枝，可在早期选留 1～2 个健壮枝，其余全部疏除。第三，在夏季，对于选留的二次枝，如果生长过旺，可进行摘心，以控制生长，促进增粗，促进健壮发育，或者在冬季进行短截。

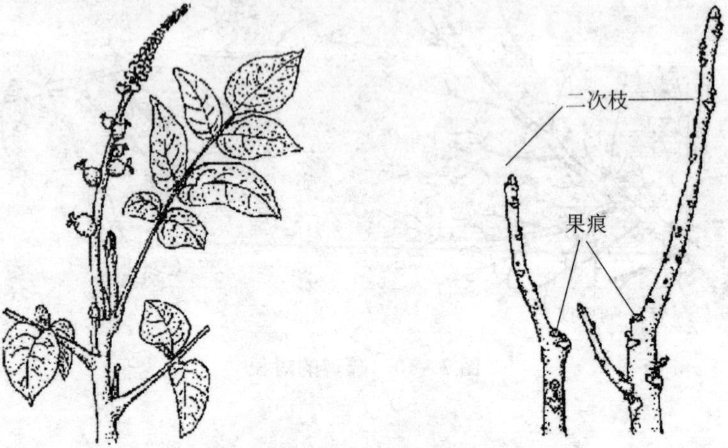

图 7－12 核桃二次枝的发育

三、早实核桃树和晚实核桃树的修剪

（一）早实核桃树的修剪

1. 早实核桃树的整形

早实核桃树由于侧花芽结果能力强，侧芽萌芽率高，成枝率低，常采用无主干的自然开心形，但在稀植条件下也可以培养成具有主干的疏散分层形或自然圆头形。

（1）自然开心形（无主干形）

①定干。树干的高低与树高、栽培管理方式以及间作等关系密切，应根据该核桃的品种特点、栽培条件及方式等因地因树而定。早实核桃由于结果早，树体较小，干高可矮小，拟进行短期间作的核桃园，干高可留 0.8～1.2 米，密植丰产园干高可定为 0.3～1 米。

早实核桃可在定植当年对苗木 1 年生枝梢的中间部位（即饱满芽部位）进行剪截（图 7－13）。若幼苗生长未达定干高度，下一年再进行定干。

②培养树形。第一步：2～3年生时，在定干高度以上留出3～4个芽的整形带。在整形带内，按不同方位选留主枝。主枝可一次选留，也可分两次选定。选留各主枝的水平距离应一致或相近，并保持每个主枝的长势均衡（图7－14）。

图7－13　核桃树定干部位

第二步：3～4年生时，各主枝选定后，开始选留一级侧枝。由于开心形树形主枝少，侧枝应适当多留，即每个主枝应留侧枝3个左右。各主枝上的侧枝要上下错落，均匀分布（图7－15）。第一侧枝距主干的距离为0.6米左右。

第三步：4～5年生时，开始在第一主枝一级侧枝上选留二级侧枝1～2个；第二主枝的一级侧枝2～3个。第二主枝上的侧枝与第一主枝上的侧枝的间距为0.8米左右。至此，开心形的树冠骨架基本形成（图7－16）。

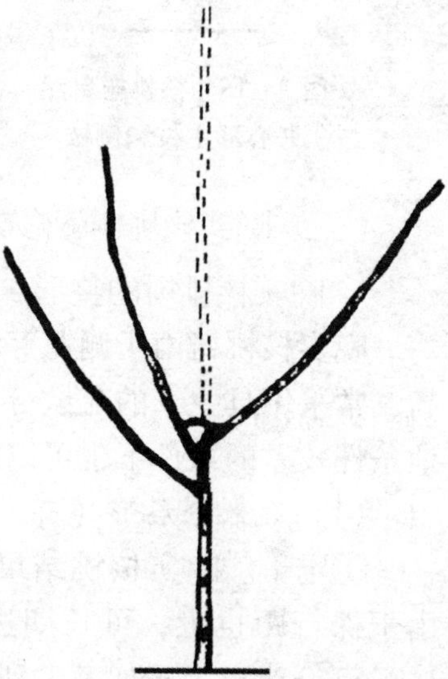

图7－14　核桃树自然开心形三大主枝

（2）疏散分层形或自然圆头形

在稀植条件下早实核桃也可以培养成具主干的疏散分层形或自然圆头形。其定干、树形培养和修剪基本和晚实核桃的疏散分层形或自然圆头形相同。

2. 早实核桃树的修剪

早实核桃树结果早，结果多，容易早衰，容易发生枝枯，而且分枝力强，易抽发二次枝，造成树形紊乱。因此，在修剪上除培养好主、侧枝，维持基本树形以外，还应注意控制二次枝和利用好徒长枝，疏除过密枝，处理好背下枝（具体方法见修剪方法）。

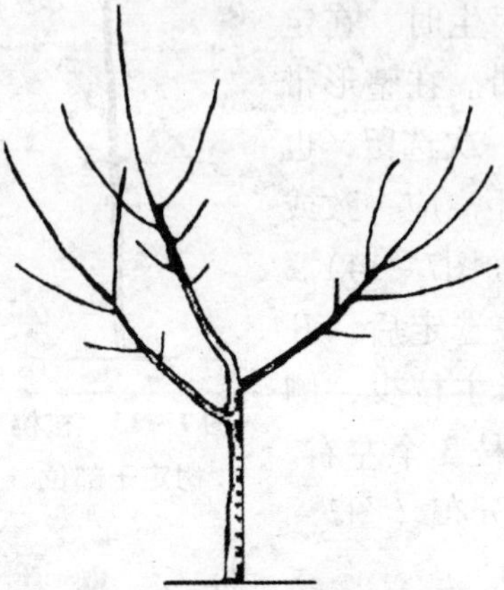

图 7－15 核桃树自然开心形主枝和侧枝

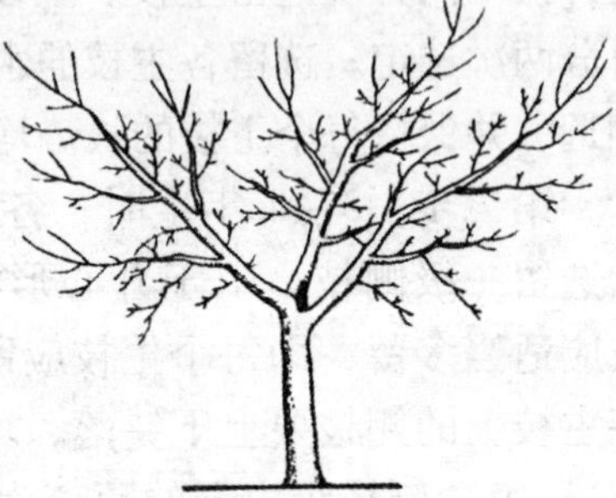

图 7－16 核桃树自然开心形

（二）晚实核桃树的修剪

1. 晚实核桃树的整形

晚实核桃树由于侧花芽结果能力差，侧芽萌芽率低，成枝率高，常采用具主干的疏散分层形或自然圆头形，但在个别地方立地条件较差的条件下也可以培养成无主干的自然开心形。

（1）疏散分层形（有主干形）

①定干。晚实核桃结果晚、树体高大，主干应留得高一些。由于株行距也大，可长期进行间作。为了便于作业，干高可留 1.0～2.0 米以上；如考虑到果、材兼用，提高干材的利用率，干高可达 3.0 米以上（定干方法和“早实核桃树定干”相同）。

②培养树形。第一步：定植当年或第二年，在中央领导干定干高度以上，选留 3 个不同方位（水平夹角约 120°），生长健壮的枝或已萌发的壮芽，培养为第一层主枝，层内距离不少于 20 厘米，以防卡脖。一年一次完成或分两年选定均可。当第一层的主枝确定后，中央领导干延长枝留 80～120 厘米进行剪截（图 7－17）。

第二步：晚实核桃 5~6 年时可选留侧枝。第一个侧枝距主枝基部的长度为 60~80 厘米。选留主枝两侧向斜上方生长的枝条1~2 个作为一级侧枝，各主枝间的侧枝方向要互相错落，避免交叉，重叠（图 7-18）。

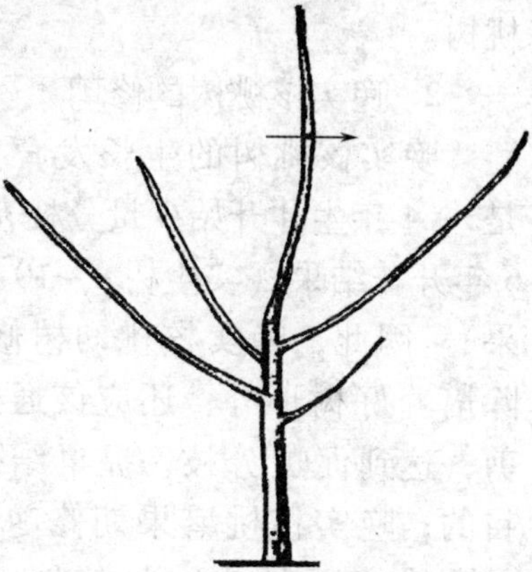

图 7-17 核桃树疏散分层形的延长枝剪截

如果只留两层主枝，则第二层与第一层主枝间的层间距要加大。

第三步：晚实核桃 6~7 年生时，继续培养第一层主、侧枝和选留第二层主枝上的侧枝。由于第二层与第三层间的层间距要求大一些，可延迟选留第三层主枝。

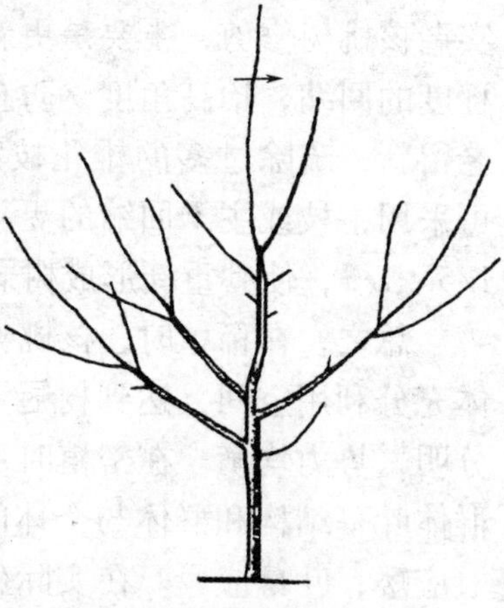

图 7-18 核桃树疏散分层形的侧枝选留

如果只留两层主枝，第二层主枝为 2~3 个，则两层主枝的层间距要在 2 米左右（图 7-19）。并从最上一个主枝的上方落头开心。至此，主干形树冠骨架基本形成。

在选留和培养主、侧枝的过程中，要注意促其增加分枝，以培养结果枝和结果枝组。还要经常注意非目的性枝条对树形成的干扰，及时剪除主干、主枝、侧枝上的萌蘖、过密枝、重叠枝、细弱枝及病虫枝等。

（2）自然开心形 在个别立地条件较差的地方也可以培养成无主干的自然开心形。具体定干、树形培养和修剪同早实核桃树。

2. 晚实核桃树的修剪

晚实核桃树的生长发育主要是3～4年生才开始少量分枝，3～6年开花结果（实生树8～10年始果）。因此，晚实核桃幼树修剪，除培养好树形外，还应该通过修剪，达到促进分枝，提早结果的目的；晚实核桃盛果期修剪，应是在维持原有树形的基础上，及时除去干枯枝、病虫枝、过密枝、交叉枝，对衰弱枝进行回缩，每隔5～8年去掉一个在树体上方向朝南、挡光最厉害的大枝；晚实老核桃树修剪，主要是更新修剪，就是对各级骨干枝进行不同程度的回缩，抬高角度，防止下垂。枝组内应采用去弱留强、去老留新，疏除过多的雄花枝和枯死枝，对生长极度衰弱的老树，可采用主枝或主干回缩的更新方法，一般锯掉主枝或主干回缩的1/5～1/3，使其重新形成树冠。

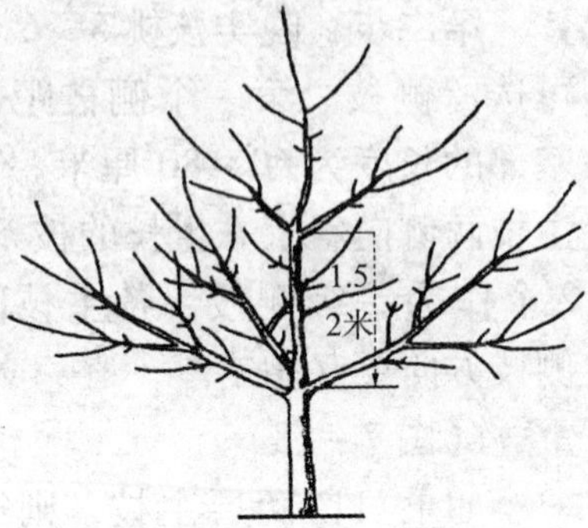

图7－19 核桃树疏散分层形

总之，在稀植时，核桃整形修剪主要考虑个体的发展，使树体充分利用空间，达到树冠大，骨干枝结构合理，枝量多，层次分明，势力均衡。在密植时，则主要考虑群体的发展，注意调节群体叶幕结构和群体与个体间的矛盾，做到短枝多，长枝少，树冠应矮，叶幕应厚。在实际生产中，应根据品种特点、栽植密度及管理水平等来确定合适的树形，总的原则是不必过分强调一定要整成什么树形，做到“因树修剪，随枝作形，有形不死，无形不乱”。

四、不同年龄时期的修剪

（一）幼龄核桃树的修剪

核桃树在幼龄时期修剪的主要任务是继续培养主、侧枝，注意平衡树势，充分利用铺养枝早期结果，开始培养结果枝组等。

主枝和侧枝的延长枝，在有空间的条件下，应继续留头延长生长，对延长枝中截或轻截即可。

对于辅养枝应在有空间的情况下保留，逐渐改造成结果枝组，没有空间的情况下对其进行疏除，以利通风透光，尽量扩大结果部位。修剪时，一般要去强留弱，或先放后缩，放缩结合，对已影响主侧枝生长的辅养枝，可以进行回缩或逐渐疏除，为主侧枝让路。

早实核桃易发生二次枝，对其组织不充实和生长过多而造成郁闭者，应彻底疏除；对其充实健壮并有空间保留者，可用摘心、短截、去弱留强的修剪方法，促其形成结果枝组。

核桃的背后枝长势很强，晚实核桃的背后枝生长势比早实核桃更强。对于背后枝的处理，要看基枝的着生情况而定。凡延长部位开张、长势正常的，应及早剪除；如延长部位势力弱或分枝角度较小，可利用背后枝换头。

培养结果枝组主要是用先放后缩的方法。在早实核桃上，对生长旺盛的长枝，以甩放或轻剪为宜。修剪越轻，发枝量和果枝数越多，且二次枝数量减少。在晚实核桃上，常采用短截旺盛发育枝的方法增加分枝。但短截枝的数量不宜过多，一般为1/3左右。短截的长度，可根据发育枝的长短，进行中、轻度短截。

初果期树势旺盛，内膛易生徒长枝，容易扰乱树形，一般保留价值不大，应及早疏除。如有空间可保留，晚实核桃可用先放后缩法培养成结果枝组；早实核桃可用摘心或短截的方法促发分枝，然后回缩成结果枝组。

（二）盛果期核桃树的修剪

核桃树在盛果时期修剪的主要任务是调节生长与结果的关系，不断改善树冠内的通风透光条件，加强结果枝组的培养与更新。

对于疏散分层形树体，此期应逐年落头去顶，以解决上光问题。盛果期初期，各级主枝需继续扩大生长，这时应注意控制背后枝，保持原头生长势。当树冠枝展已扩展到计划大小时，可采用交替回缩换头的方法，控制枝头向外伸展。对于顶端下垂，生长势衰弱的骨干枝，应重剪回缩更新复壮，留斜生向上的枝条当头，以抬高角度，集中营养，恢复枝条生长势。对于树冠的外围枝，由于多年伸长和分枝，常常密挤、交叉和重叠，应适当疏间和回缩。

随着树冠的不断扩大和枝量的不断增加，除继续加强对结果枝组的培养利用外，还应不断地进行复壮更新。对2～3年生的小枝组，可采用去弱留强的办法，不断扩大营养面积，增加结果枝数量。当生长到一定大小，并占满空时，则应去掉强枝、弱枝，保留中庸枝，促使形成较多的结果母枝。对于已结过果的小枝组，可一次疏除，利用附近的大、中型枝组占据空间。对于中型枝组，应及时回缩更新，使枝组内的分枝交替结果，对长势过旺的枝条，可通过去强留弱等，加以控制。对于大型枝组，要注意控制其高度和长度，防止“树上长树”。对于已无延伸能力或下部枝条过弱的大型枝组，可适当回缩，以维持其下部中、小枝组的稳定。

对于辅养枝，如果影响主、侧枝生长者，可视其影响程度，进行回缩或疏除，为其让路；辅养枝过于强旺时，可去强留弱或回缩至弱分枝处，控制其生长；长势中等，分枝较好又有空间者，可剪去枝头，改造成大、中型枝组，长期保留结果。

对于徒长枝，可视树冠内部枝条的分布情况而定。如枝条已很密，就直接剪去。如果其附近结果枝组已明显衰弱，可将徒长枝培养成结果枝组，以填补空间或更替衰弱的结果枝组。选留的徒长枝分枝后，可根据空间大小确定截留长度。为了促其提早分枝，可进行摘心或轻短截，以加速结果枝组的形成。

对于过密、重叠、交叉、细弱、病虫及干枯枝等，要及时除去，以减少不必要的养分消耗和改善树冠内部的通风、透光等条件。

（三）衰老期核桃树的修剪

老核桃树主要是更新修剪。随着树龄的增大，骨干枝逐渐枯萎，树冠变小，生长明显变弱，枝条生长量小，结果能力显著下降。对这种老树需进行更新修剪，复壮树势。

修剪应采取抑前促后的方法，对各级骨干枝进行不同程度的回缩，抬高角度，防止下垂。枝组内应采用去弱留强、去老留新的修剪方法，疏除过多的雄花枝和枯死枝。

对于已经出现严重焦梢，生长极度衰弱的老树，可采用主枝或主干回缩的更新方法。一般锯掉主枝或主干回缩的1/5～1/3，使其重新形成树冠。

五、高接树树形和修剪

高接树的整形修剪是促进其尽快恢复树势、提高产量的重要措施。高接树由于截去了头或大枝，当年就能抽生3～6个生长量均超过60厘米以上的大枝，有的枝长近2米，如不加以合理修剪，就会使枝条上的大量侧芽萌发，早实核桃易形成大量果枝，结果后下部枝条枯死，难以形成延长枝，使树冠形成缓慢，不能尽快恢复树势，提高产量。

高接树当年抽生的枝条，在秋末落叶前或翌年春发芽前，对选留做骨干枝的枝条（主枝、侧枝），可在枝条的中、上部饱满芽处短截（选留长度以不超过60厘米为宜）（图7－20），以减少果枝数量，促进剪口下第一、二个芽抽枝生长。这样经过2～3年，利用砧木庞大的根系能促使枝条旺盛生长的特点，根据高接部位和嫁接头数，将高接树培养成有中央领导干的疏散分层形（图7－21）或开心形树形。一般单头高接的四旁树，宜培养成疏散分层形；田间多头高接和单头高接部位较高的核桃树，宜培养成开心形。

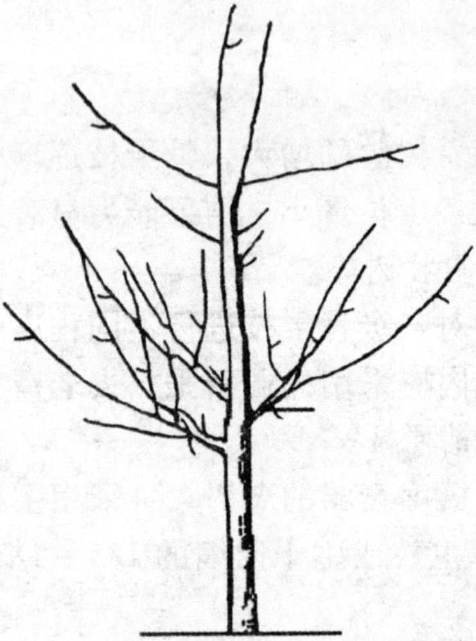

图 7－20　高接树在修剪之前

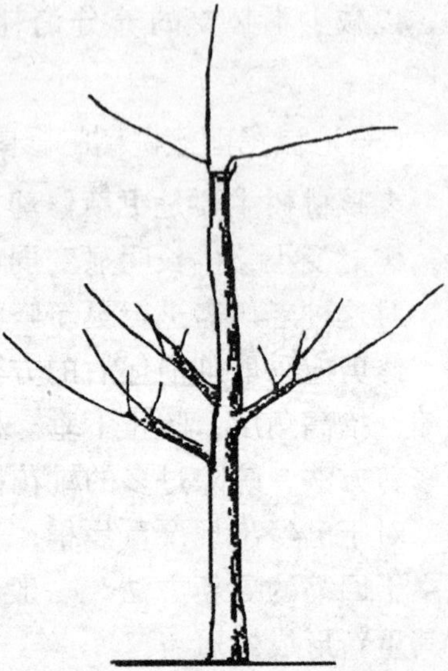

图 7－21　高接树在修剪之后

有些人对高接树短截认识不足，不实行短截，使一些早实品种第二年就开花结果，一些树结果几十个，有的结果上百个。结果过早，影响了树冠的恢复，造成树体衰弱，甚至使个别植株死亡，达不到高接换优的目的。因此，高接后的核桃树要进行修剪。对翌年结果的核桃树也一定要进行疏果，以促进其尽快恢复树势，为以后高产打下基础（本文部分插图来自吴国良，段良骅编绘《现代核桃整形修剪技术图解》）。

第八章　核桃主要病虫害防治技术

在传统的核桃生产中，大多以实生类型、晚实品种为主，这些类型和品种适应性较强，栽培相对分散，虽然栽培管理粗放，病虫害发生却并不严重。近年来，早实核桃品种的推广、栽种面积迅速扩大，由于缺乏合理的规划，并且各地的栽培管理水平不尽相同，这为一些主要病虫的发生提供了有利的条件，使核桃产量和质量大幅下降，直接影响了外贸出口和山区果农的经济收入，而且暴发成灾的威胁日趋严重，如何采取综合措施，有效防治病虫，成为保证核桃优质、丰产、稳产的关键所在。

一、核桃主要虫害及其防治技术

核桃害虫的种类很多，主要有核桃举肢蛾、核桃横沟象等。

1. 核桃举肢蛾

核桃举肢蛾又名核桃黑（图 8－1），华北产区发生严重，主要危害果实。以幼虫在青果皮内蛀食，可形成多条隧道，充满虫粪，被害处青皮变黑，被危害早者种仁干缩、早落；晚者种仁瘦瘪变黑。被害后 30 天内，可在果中剥出一条至多条幼虫。果实受害率可达70%～80%，甚至 100%，是降低核桃产量和品质的主要害虫。

图 8－1　核桃举肢蛾

核桃举肢蛾在河北、山西一年发生 1 代，陕西 1～2 代，河南

2代，均以老熟幼虫于树冠下的土中或杂草中结茧越冬。1代区越冬幼虫在第二年6月上旬至7月下旬开始化蛹，蛹期7天左右，6月下旬至7月上旬为越冬代成虫盛发期，6月中下旬幼虫开始危害，30~45天后幼虫开始脱果入土越冬，脱果期为7月中旬至9月。2代区成虫分别发生在5月中旬至7月中旬和7月上旬至9月上旬。成虫昼伏夜出，卵多散产于两个果实相接的缝隙处，少数产于梗洼、萼洼、叶腋或叶上。每头雌虫产卵35~40粒，卵期约5天。幼虫蛀果后，被害果渐变琥珀色。1代区被害果最后变黑，故称"核桃黑"。2代区第一代幼虫多危害果壳和种仁，危害状不明显，被害果多脱落；第二代幼虫多在青皮内蛀食，被害处变黑，很少落果。

防治方法：

①秋末或早春深翻树盘，可消灭部分越冬幼虫。

②及时摘除虫果和捡拾落果，集中处理。

③成虫羽化出土前，树冠下地面喷施药剂。

④2代区可在5月下旬，田间越冬代蛾出现后及时喷药防治，6月中旬再防1次。1代区可在6月中旬喷1次药，7月上旬再喷2次药。

⑤山谷或茂密的果园可于成虫发生期施用烟剂，熏杀成虫。

2. 核桃横沟象

核桃横沟象又名根象甲，在我国很多核桃产区均有分布。主要以坡底沟洼和村旁土质肥沃的地方及生长旺盛的核桃树上危害较重。由于该虫在核桃根颈部皮层中窜食，破坏树体输导组织，阻碍水分和养分的正常运输，致使树势衰弱，轻者减产，重者死亡。幼虫刚开始危害时，根颈皮

图8-2 核桃横沟象危害状

层不开裂，无虫粪及树液流出，根颈部有豆粒大小的成虫羽化孔。当受害严重时，皮层内多数虫道相连，充满黑褐色粪粒及木屑，被害树皮层纵裂，并流出褐色液体（图8－2)。

该虫在陕西、四川均为两年发生1代，前后经历3年的时间。以成虫和幼虫在根颈皮层中越冬，3月下旬到4月上旬开始活动，取食叶片、嫩枝。5～10月为产卵期。90%的幼虫集中在表土下5～20厘米深的根颈皮层中危害，个别幼虫危害深度可达45～60厘米。幼虫危害期长，每年3～11月均能蛀食，12月至翌年2月为越冬期。幼虫白色，无足。

防治方法：

①成虫产卵前，将根颈部土壤挖开，涂抹浓石灰浆于根茎部，然后封土，以阻止成虫在根上产卵，效果很好，可维持2～3年。

②冬季结合翻树盘，挖开根茎泥土，剥去根颈粗皮，降低根部湿度，造成不利于虫卵发育的环境，可使幼虫虫口数降低75%～85%。

③4～6月，挖开根茎部泥土，用斧头每隔10厘米左右砍破皮层，用药液重喷根颈部，然后用土封严，毒杀幼虫和蛹，效果显著。

④7～8月成虫发生期，结合防治举肢蛾，在树上喷药防治。

此外，应注意保护白僵菌和寄生蝇等横沟象的天敌。

二、核桃主要病害及其防治技术

1. 核桃腐烂病

核桃腐烂病是核桃上发生较重的病害，主要危害枝、干。大树主干开始发病时，症状隐蔽在韧皮部，外表不易看出，当症状明显时皮下病部已扩展至20～30厘米以上，流有黏稠状黑水，常糊在树干上。幼树主干或侧枝染病，病斑初近梭形，暗灰色，水渍状，稍肿起，用手按压有泡沫状液体流出；后病皮变褐并有酒糟味，最终失水下凹，病斑上散生许多小黑点即病菌的分生孢子器。湿度大时从小黑点上涌出橘红色胶质物，即病菌孢子角（图8－3）。

图8－3 核桃腐烂病

枝条染病时，一种是树皮与木质部分离，致枝条干枯，其上产生黑色小点。另一种是从剪锯口产生明显病斑，沿梢部向下或向另一分枝蔓延，环绕一周后形成枯梢。

核桃腐烂病是受一种球壳孢目真菌侵染所致，病菌在病树上越冬。第二年早春树液流动时，病菌孢子借雨水、风力、昆虫等传播，从剪、锯、虫等造成的各类伤口侵入，逐渐扩展蔓延危害。在4～9月，当空气湿度大时，产生大量的分生孢子，进行多次侵染危害，越冬前停止侵染。春秋两季为发病高峰期，特别是在4月中旬至5月下旬危害最重。一般土层瘠薄、排水不良、盐碱较重的地块及管理粗放、树势衰弱或遭受冻害的核桃树易感染此病。

防治方法：

①加强核桃园的综合管理，提高树体营养水平，增强树势和抗寒抗病能力，是防治此病的基本措施。

②经常检查，一经发现及时刮治病斑。用甲基托布津可湿性粉剂、退菌特可湿性粉剂、5～10波美度石硫合剂或硫酸铜液进行涂抹消毒，然后涂波尔多液保护伤口，刮口应光滑、平整，最好成菱形，以利愈合。病疤刮除范围应超出变色坏死组织1厘米左右。要求做到“刮早、刮小、刮了”，以春季为重点，其次是秋季，但常年检查及刮治不能放松。刮下的病屑应及时收集烧毁，避免人为传播。

③核桃采收后，结合修剪，剪除病虫枝，刮除病皮，收集烧毁，减少病菌侵染源。

④冬季刮净腐烂病疤，然后树干涂白，预防冻害、虫害引起腐烂发生。

2. 核桃黑斑病

核桃黑斑病是一种世界性病害，在我国核桃产区均有不同程度的发生。发病较重时，可造成早期落叶，果实变黑、腐烂、早落，或使种仁干瘪、减重，出油率降低。

病菌主要危害果实，其次是叶片、嫩梢及枝条。核桃幼果受害后，开始在果面上出现黑褐色小斑点，后成为圆形或不规则形黑色病斑并下陷，外围有水渍状晕圈，果实由外向内腐烂。幼果发病，因果壳没有硬化，病菌可扩展到种仁，导致全果变黑，早期脱落，故也常称之为“核桃黑”。当果壳硬化后，病原菌只侵染外果皮，但核仁会不同程度地受到影响。叶片感病，首先在叶脉周围出现黑色小点，后扩大成近圆形或多角形的黑褐色病斑，外缘有半透明状晕圈。雨水多时，叶面多呈水渍状近圆形病斑，叶背更为明显。严重时，病部中央变成灰白色，有时呈穿孔状，后病斑扩大连片，致使叶片残缺不全，提早脱落（图 8－4）。枝梢上病斑呈长圆形或不规则形，褐色稍凹陷，病斑绕枝干一周，造成落叶、枯梢。

图 8－4 核桃黑斑病

核桃黑斑病的病原菌在感病枝条、芽或茎的老病斑上越冬，第二年春天借雨水和昆虫活动进行传播，花粉也可传播。病菌从皮孔和各种伤口侵入，举肢蛾、核桃长足象、核桃横沟象等在果实、叶片及嫩枝上取食或产卵造成的伤口，以及灼伤、雹伤都是该菌侵入的途径。首先使叶片感病，再由叶传到果实及枝条上。

每年4~8月发病，反复侵染多次。病菌侵入果实内部时，种仁也可带菌。核桃黑斑病一般在多雨年份和季节发病早而严重，虫害多的植株或地区发病严重。不同品种、类型、树龄、树势的植株发病程度不同，一般弱树重于壮树，老树重于幼树。

防治方法：

①加强苗期病害防治，尽量减少病菌；加强检疫工作，在新发展的地区，禁用病苗定植，防止病害扩展蔓延。

②加强栽培管理，保持树体健壮生长，提高抗病能力。

③核桃发芽前，喷一次5波美度石硫合剂，消灭越冬病菌，减少侵染病源，兼治介壳虫等其他病虫害。

④在核桃展叶前，喷波尔多液，保护树体，既经济效果又好。

⑤在5~6月发病期喷药防治，效果较好。在核桃开花前、开花后、幼果期、果实速长期各喷一次波尔多液可兼治多种病虫。

⑥采收后，结合修剪，清除病枝病果，集中烧毁或深埋，以减少病源。

3. 核桃炭疽病

核桃炭疽病可以危害果实、叶片、嫩梢和芽。其中果实受害较重，发病重的年份对核桃产量影响很大。果实受害后，果皮上出现褐色至黑褐色病斑，圆形或近圆形，中央下陷，病部有黑色小点产生，有时呈轮状排列。湿度大时，病斑小黑点处呈粉红色突起，为病菌的分生孢子盘及分生孢子。一个病果常有多个病斑，病斑扩大连片后导致全果变黑，腐烂达内果皮，种仁失去食用价值。发病轻时，核壳或核仁的外皮部分变黑，降低出油率和核仁主产量。叶片感病后，病斑不规

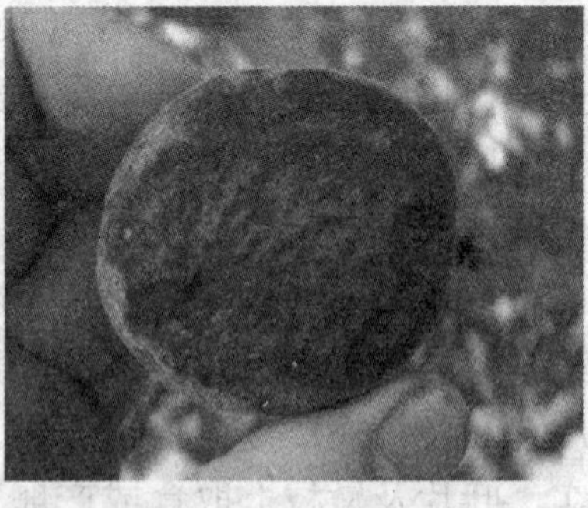

图8-5 核桃炭疽病

则，潮湿时上生黑色小点。苗木、幼树、芽、嫩枝感病后，常从顶端向下枯萎，叶片呈烧焦状脱落（图8－5）。

核桃炭疽病由胶孢炭疽菌危害所致，病菌主要在病果、病叶、芽上越冬，第二年春天产生分生孢子，借风、雨、昆虫传播，从伤口和自然孔口侵入，一般幼果期易受侵染。7～8月发病重，并可进行多次再侵染。发病的早晚、轻重与当年的雨量有密切关系。如果雨季早、高温、多雨则发病早且重。否则，发病晚，危害轻。

防治方法：

①注意清除病僵果、病枝叶，集中深埋或烧毁，可减少菌源。

②选用丰产抗病品种，种植核桃时，株行距要适当，不可过密，保持通风良好。

③6～7月间发现病果及时摘除，喷洒波尔多液，发病重的核桃园于开花后喷药防治，隔10～15天1次，连续防治2～3次。

三、核桃病虫害的无公害防治

1. 核桃病虫害无公害防治原则

核桃病虫害的防治方法很多，实际应用时应遵循“预防为主，综合治理”的植保方针，以农业和物理防治为基础，生物防治为核心，按照病虫害的发生规律和经济阈值，科学使用化学防治技术，尽量少用药、巧用药，达到保护天敌、减少环境污染等目的，有效控制病虫危害。

2. 核桃病虫害无公害防治措施

（1）农业防治

①合理间作、套作。果园间作物选择要对核桃树无不良影响，没有共同病虫害的作物种类，不间作高秆作物，不套种其他果树，保持生长季节良好的果园生态环境，压低和控制病虫害滋生、繁衍能力。

②及时耕翻。生长期结合中耕、除草，收获后对树冠下进行全面深翻，既可以灭虫，又可以疏松土壤，提高树体越冬及抗病虫害能力。

③合理浇灌、施肥，增强树势。以施用有机肥为主，配合无机复合肥，控制氮肥；合理调节负载量；生长后期控制土壤水分；并合理整形修剪，调整改造高大老龄树体结构，降低树高，保持树冠通风透光，以增强树势、便于管理。

④加强田间管理。在核桃生长期和采收后清洁果园，刮树皮，堵树洞，除卵块，剪除病虫枝，压低休眠期病虫越冬基数，可有效防治核桃小吉丁虫、黄须球小蠹和黑斑病、枯枝病等。成虫产卵前在根颈部和临近主根上涂抹石灰泥阻止产卵，对根象甲和芳香木蠹蛾有很好的防治效果。根据核桃白粉病、炭疽病等在病枝残叶上越冬的特点，在秋末冬初彻底清除树体和树下周围的残枝落叶和杂草，全面消灭越冬菌源。及时拣拾地面落果，摘除树上黑果，集中深埋，杀死果内举肢蛾、桃蛀螟和果食象甲等幼虫，减少后期虫果和越冬虫口。

（2）物理防治　物理防治是指通过创造不利于病虫发生，但有利于或无碍于作物生长的生态条件的防治方法。它是根据害虫生物学特性，通过病虫对温度、湿度或光谱、颜色、声音等的反应能力，采取糖醋液、树干缠草绳、黄色粘虫板、驱虫网和黑光灯等方法来控制虫害发生，杀死、驱避或隔离害虫。物理防治具有无残留、不产生抗性等特点。如 6 月份是云斑天牛成虫出现较多的季节，可以进行人工捕杀或利用灯光诱杀。

（3）生物防治　生物防治是利用有益生物或其他生物来抑制或消灭有害生物的一种防治方法。可利用微生物防治，常见的有真菌、细菌、病毒和能分泌抗生物质的抗生菌，如白僵菌、苏云金杆菌、病毒、5406 等。利用寄生性天敌防治，主要有寄生蜂和寄生蝇等。利用捕食性天敌防治，主要为鸟类和捕食性昆虫等，如山雀、灰喜鹊、啄木鸟、瓢虫、螳螂、蚂蚁、蜘蛛等。

(4) 化学防治　化学防治的用药原则是根据防治对象的生物学特性和危害特点，合理使用生物源农药、矿物源农药和低毒有机合成农药，有限制地使用中等毒力的农药，禁止使用剧毒、高毒、高残留农药。

其中允许使用的农药品种有：

①杀虫、杀螨类：1%阿维菌素乳油、10%吡虫啉可湿性粉剂、25%扑虱灵可湿性粉剂、0.3%苦参碱水剂、5%尼索朗乳油、25%灭幼脲Ⅲ号悬浮剂、10%多来宝悬浮液、50%马拉硫磷乳油、50%辛硫磷乳油、苏云金杆菌可湿性粉剂、石硫合剂、45%晶体硫合剂等。

②杀菌类：5%菌毒清水剂、腐必清乳剂、2%农抗120水剂、80%喷克可湿性粉剂、80%大生M-45可湿性粉剂、70%甲基托布津可湿性粉剂、50%多菌灵可湿性粉剂、40%福星乳油、1%中生菌素水剂、27%铜高尚悬浮剂、石灰倍量式或多量式波尔多液、50%扑海因可湿粉、70%代森锰锌可湿性粉剂、70%乙膦铝锰锌可湿性粉剂、15%粉锈宁乳油、50%硫胶悬剂、石硫合剂、843康复剂、68.5%多氧霉素、75%百菌清可湿性粉剂等。

限制使用的农药有：

20%灭扫利乳油、30%桃小灵乳油、80%敌敌畏乳油、4.5%高效氯氰乳油、20%菊马乳油、21%灭杀毙乳油、5%来福灵乳油、20%速灭希丁乳油、70%溴马乳油、2.5%敌杀死乳油。

禁止使用的农药有：

甲拌磷、乙拌磷、久效磷、对硫磷、甲基对硫磷、甲基异硫磷、灭线磷、硫环磷、地虫硫磷、氯唑磷、苯线磷、氧化乐果、磷胺、百克威、涕灭威、灭多威、杀虫脒、三氯杀螨醇、克螨特、滴滴涕、六六六、林丹、氟化钠、氟乙酰胺、福美砷及其他砷制剂等。

应合理地使用化学农药，具体措施有：

①加强病虫害的预测预报，做到有针对性地适时用药，在发

生初期及时用药，未达到防治指标或益害虫比合理的情况下不用药。如早实核桃易患炭疽病，发芽前喷石硫合剂，6 月份开始每隔 15 天喷一次 200 倍等量式波尔多液，或喷 1 000 至 1 500 倍甲基托布津可控发病。具体用药，应结合本地实际情况进行施用。

②允许使用的农药，每年最多使用 2 次。最后一次施药距采收期 20 天以上。

③限制使用的农药，每年最多使用 1 次。最后一次施药距采收期 30 天以上。

④严禁使用禁止使用的农药和未核准登记的农药。

⑤根据天敌的发生特点，合理选择农药种类、施用时间和施用方法，保护天敌。

⑥注意不同作用机理的农药交替使用和合理混用，以延缓病菌和害虫产生抗药性，提高防治效果。

第九章　核桃采收及其处理方法

一、核桃的采收

核桃青皮的开裂标志着核桃已经成熟。当树上有 1/5 的核桃青皮开裂，标志着核桃果实可以采收了。核桃的采收期为每年 8 月末到 10 月上旬，因产地、品种的不同而不同（图 9－1）。国外青皮开裂 4/5 才可摇震，我国人工采收应在开裂 1/5 时采收，有利提高坚果品质。

图 9－1　成熟的核桃

目前，我国核桃的采收仍然采用竹竿人工敲打，采收效率低，劳动强度大；在美国，核桃果实的采收已实现机械化，是通过机械振荡器将核桃果实振落到地面上，通过机械将果实收集起来，在一定程度上减少了劳动强度，缩短了核桃产品上市时间，这一点值得我们借鉴和学习（图9－2）。

图 9－2　采收核桃的振荡器

机械收果机通过风选的方法去掉大部分的泥土、树叶和枝条等杂物，将果实传送到车斗里运走（图 9－3，图 9－4）。

图 9-3　将散落的核桃集中成垄的收集机

图 9-4　核桃收果机

二、青果处理及清洗与漂白

对采收后的青核桃要在 1~3 天之内采用人工或机械的方法脱去青皮进行干燥。对部分还没有完全成熟的、脱青皮困难的青核桃可采取堆沤法和药剂催熟措施进行处理。

堆沤法是将核桃堆放在阴凉处或通风的室内，厚度 50 厘米，上覆干草 10 厘米，时间 5~7 天，待青皮开裂后及时脱去青皮。采用堆沤法常使坚果表面产生黑斑，种仁颜色变深，降低产品的品质和售价。

药剂催熟法是用浓度 3 000~5 000 毫克/千克的乙烯利溶液浸蘸半分钟，在室温下堆放 3~5 天，堆放厚度 50 厘米，上覆干草 10 厘米，待青皮开裂后及时脱去青皮。该法具有省工、省力、效率高、脱皮干净、商品质量好的优点。

图 9-5　新疆农业科学院研制的核桃脱青皮机

近几年，我国科研、生产单位陆续研制出一些小型核桃采后商品化处理机械，如新疆农业科学院、河北兴隆县林业局、云南大理州林业局等多家单位研制的脱核桃青皮机和清洗机等（图9－5，图9－6，图9－7），可大大提高核桃脱青皮的工作效率和商品质量，在生产中值得进一步推广。

图9－6 山西屯留县科技局研制的核桃脱皮清洗机

图9－7 美国核桃清洗及人工再挑选生产线

为了提高核桃外观的商品质量，对脱去青皮的核桃要及时用清水对其进行冲洗，去掉其表面残留的烂皮、泥土或其他污染物，然后用次氯酸钠或漂白粉（1∶5～7）溶液进行漂白3～5分钟，然后再用水进行冲洗，晾晒。作为种子用的或露仁的核桃，不宜进行漂白处理。

三、干燥方法

目前，我国核桃的干燥主要是采用自然晾干法（图9－8），将漂洗后的核桃摊放于竹箔或苇席上，厚度不超过两层果实，上方最好搭有遮荫网，晾晒5～7天；不可直接在烈日下暴晒。

图9－8 屋顶晾晒核桃

在我国大多数核桃产区（新疆的南疆除外），核桃采收季节多为阴雨天气，核桃仁很容易发霉、长毛，颜色变深，商品等级下降，核桃的自然晾晒受到限制。

自20世纪60年代以来，全国推行了多种烘烤干燥方法，如云南大理州从2002年开始推广的简易型烤炉（图9－9），一次干燥核桃1吨，需要2～3天。在机械干燥的过程中，起始温度控制在25～30℃；干至四成左右时，温度控制在35～40℃；干至七八成时，温度控制在30℃以下，直到干透。

核桃干燥好的标准是核桃仁的含水量不超过8%。

核桃烘干采用机械热风干燥法（图9－10），可以使核桃仁的含水量很快降低到8%，使核桃仁的品质在贮藏期间得到保证。机械热风干燥法比以往的晾晒法有很大的改进，主要体现在脱水速率快、脱水完全、便于控制等方面。

图9－9　云南大理州研制的小型烘干机（杨源提供）

图9－10　美国核桃的机械干燥

四、分级、包装与标志

根据外贸出口的要求，按核桃坚果横径（核桃坚果中部缝合线之间的距离）的大小，通常将商品坚果分为4个等级，一等，>30毫米；二等，28～30毫米；三等，26～28毫米；横径不到26毫米者为等外果。此外要求坚果表面光洁、干燥，成品内不许有杂质，霉烂果、虫蛀果、空壳果率、黑斑果率及破裂果不超过10%。

核桃仁的质量标准：用于外贸出口的核桃仁依据种仁颜色和完整程度分为白头路、白二路、白三路、浅头路、浅二路、浅三路、混四路和深三路等8个等级（表9-1）。

表9-1 核桃仁分级标准

级别	1级	2级	3级	4级	5级	6级	7级	8级
分路	白头路	白二路	白三路	浅头路	浅二路	浅三路	混四路	深三路
完整程度	1/2	≥1/4	≥1/8	1/2	≥1/4	≥1/8	<1/8	<1/8
颜色	淡黄色	淡黄色	淡黄色	浅琥珀色	浅琥珀色	浅琥珀色	色浅均匀	色浅均匀

核桃包装分为坚果包装和核桃仁包装2种。坚果多采用麻袋包装，薄壳核桃（壳厚度小于1毫米）采用纸箱包装，每个包装核桃净重不超过50千克为宜。

核桃仁多采用纸箱或木箱包装，每个包装核桃仁净重10~25千克。包装应采取防潮措施，在箱底和四周衬垫硫酸纸或聚乙烯袋防潮，装箱后立即封严、捆牢，并注明重量、等级等。

五、贮藏与运输

由于核桃仁中脂肪含量比较高，在贮藏过程中较易发生氧化酸败，引起品质下降。坚果食品卫生标准（GB 16326-2005）规定，核桃仁的酸价（以脂肪计算）≤4毫克（氢氧化钾）/克，过氧化值（以脂肪计算）≤0.08克/100克。因此，根据贮藏时间的长短和数量的多少选择适宜的条件进行贮藏非常重要。

一般将晾干的核桃装入布袋或麻袋，或装入围囤置于室内，下面用木板或砖石支垫，使袋子离地面40~50厘米。贮藏室内必须冷凉、干燥、通风、背光，同时要防止鼠害。但是，该种方法只适合核桃短期存放，在常温下能贮藏到夏季来临之前，核桃仁的品质基本保持不变。

1. 低温冷藏

长期贮存核桃应有低温条件。贮藏时间较长，数量不大的核桃，可封入聚乙烯袋，在冰箱0~5℃条件下贮藏。数量较大时，最好用麻袋或冷藏箱包装，放在0~5℃的恒温冷库中贮藏，核桃仁的品质可保持 2 年。

2. 膜帐密封贮藏

在核桃贮藏量大、又不具备冷库条件时，可采用塑料薄膜帐密封贮藏。我国北方地区，冬季气温低，空气干燥，核桃果实一般不会发生明显的变质现象。因此，坚果在秋季充分干燥后入帐，翌年 2 月气温回升前封帐，密封时应保持低温。帐内通入二氧化碳，可以抑制核桃呼吸，减少损耗，同时还可以抑制霉菌的活动，防止霉烂。二氧化碳浓度达到 50% 以上，可以防止油脂氧化而产生的败坏现象及虫害的发生。

3. 辐照处理

虫害也是影响核桃贮藏品质的重要因素。过去主要是采用熏蒸的方法对核桃贮运过程中的虫害进行控制，目前使用的熏蒸剂有乙烯二溴化物、溴代甲烷、环氧乙烷等。但是，熏蒸剂对人体及环境存在不良的影响，现在已禁止使用。采用辐射处理可有效地替代化学方法。辐射剂量 1 千戈瑞（1000 焦耳/千克）能够杀死所有滋生昆虫，同时不会引起坚果成分发生显著改变，对感官品质也无负面影响。

核桃产品在贮藏过程中不得与有毒、有害、有异味、易挥发、易腐蚀的物品同处贮存，在运输的过程中也不得与上述物品混装运输，同时应避免日晒、雨淋。

附录 A：核桃园周年管理历

月份	节气	物候期	管理项目	技术要求	备 注
1月	小寒 大寒	休眠期	制订计划	周密安排一年的工作，准备好化肥，农药及其他农用物资	
			修剪	于伤流低谷期进行，剪口涂漆	工作量大时
			除虫	重点防治草履蚧，防治方法： ①树干涂黏胶环 ②若虫上树时，喷6%柴油乳剂 ③焚烧树下枯枝落叶	
			修树盘	修整地堰，垒好树盘	
2月	立春 雨水		除虫	①敲击树干、皮缝中的刺蛾虫茧 ②清除石块下越冬的青刺蛾、瘤蛾、缀叶螟虫茧 ③清除梯田缝、皮缝、石块下舞毒蛾卵块并深埋	
3月	惊蛰 春分	萌芽前	刨树盘	树冠下刨深15厘米，拣出石块，兼治举肢蛾	
			播种准备	检查层积种子	
			施肥灌水	萌芽前，结果大树施肥100～150千克，尿素1.5千克，过磷酸钙1.5千克，草木灰5千克，施后灌水	早实品种>8年；晚实品种>15年
			除虫	烧地堰，消灭舞毒蛾，3～5波美度石硫合剂2 000倍液，消除树上草履蚧	
			剪接穗	剪取优种1年生发育枝中段或基段，蜡封后，贮存备用	枝接用
4月	清明 谷雨	萌芽期	嫁接	伤流少、形成层活动旺盛时进行苗木枝接、大树高接	插皮舌接、劈接、双舌接
			除虫	1:50西维因喷布树干和树干基部撒西维因粉，除治舞毒蛾孵化幼虫	

（续）

月份	节气	物候期	管理项目	技术要求	备 注
4月	清明 谷雨	开花期 展叶期	疏雄芽	疏除80%雄花芽（雄花芽伸长以前完成）	2厘米长左右
			修剪	伤流停止期进行，以中小枝为主	幼树抹芽定枝
			叶面喷肥	开花前喷肥，喷布均匀	加硼酸
			除虫	①剪除并烧掉病虫枝； ②树下堆石诱杀舞毒蛾； ③早晨振落捕杀金龟子； ④黑光灯诱杀金龟子及尺蠖成虫； ⑤喷布药物防治	防治对象有：金龟子、尺蠖、黄须球小蠹、豹纹蠹蛾、小吉丁虫、云斑天牛等
			授粉	于雄花序散粉初期采集花粉，雌花柱头反转呈倒“八”字时人工授粉	
			育苗	苗圃整地，做畦，开沟播种。每亩需种子90～100千克（质量好可少用）	未经沙藏的种子，于播前浸种7～10天
			嵌芽接	带木质芽接	4月下旬至5月中旬
5月	立夏 小满	果实膨大期	喷肥	落花后5周叶面喷肥。喷2～3次，每次间隔7～10天	5月中旬至6月下旬
			浇水	有条件地方，应普灌一次	
			嫁接树管理	高接树、枝接苗、嵌芽接苗除萌，圃地除草、浇水。高接树逐渐放风	
			除虫	主要防治核桃舟蛾、绿尾大蚕蛾、芳香木蠹蛾、红蜘蛛、草履蚧、梨圆蚧、舞毒蛾、瘤蛾、云斑天牛等 ①黑光灯诱杀；②适时喷药	
			夏剪	处理内膛枝、徒长枝、过旺发育枝等用开展角度、刻芽等方法培养树形	5月中至6月中
			芽接	方块芽接	5月下旬至6月下旬

（续）

月份	节气	物候期	管理项目	技术要求	备　注
6月	芒种 夏至	新梢速长期	追肥	追施氮、磷肥	
		花芽分化及果实硬核期	除虫	重点除治云斑天牛、金龟子、尺蠖、刺蛾、瘤蛾、举肢蛾、浮尘子 ①黑光灯诱杀；②人工捕捉；③喷药	
			防治病害	主要防治炭疽病、褐斑病、黑斑病、枝枯病等 ①6月上旬喷石灰倍量式200倍波尔多液 ②甲基托布津1 000倍液或50%退菌特600～800倍液	6～8月
			苗圃管理	除萌、中耕、追肥、除虫、除草、芽接	
7月	小暑 大暑	种仁充实期	压绿肥	每株100～200千克	雨季进行
			追肥	追施氮、磷、钾肥	结合灌水
			除虫	重点防治举肢蛾、尺蠖、大蓑蛾、缀叶螟、云斑天牛、刺蛾、金龟子、红蜘蛛等 ①剪除被害枝；②树上喷药	
8月	立秋 处暑	种仁成熟期	除虫	除治核桃瘤蛾第二代和缀叶螟、刺蛾类、举肢蛾等	
			秋季嫁接	方块芽接，不剪砧木，翌春萌芽后剪砧	7月上旬至8月下旬
9月	白露 秋分	果实成熟期	采收	果皮由绿变黄，部分青皮开裂	
			加工	3 000～5 000毫克/千克乙烯利脱青皮，脱皮后漂洗、晾晒、分级包装	
			修剪	采收后至落叶前进行	大于1厘米粗的剪口要用油漆封口
			施基肥	采收后至落叶前完成	深40～50厘米

（续）

月份	节气	物候期	管理项目	技术要求	备　注
10月	寒露 霜降	落叶期	清洁果园	落叶后集中清扫枯枝落叶，集中烧毁消灭病虫害	
11月	立冬	休眠期	整修梯田	整理修缮梯田、堰坝	
			储存种子	湿沙贮藏、室内干藏	
12月	冬至		树体防护	幼树埋土。高接树，可双层缠裹。大树树干涂白，喷5波美度石硫合剂	
			总结培训	总结工作，交流经验，培训技术人员	

附录B：核桃园肥料种类及肥效表

种类	各年肥效（%）			开始发挥肥效
	第一年	第二年	第三年	时间（天）
腐熟细粪	75	15	10	12～15
圈粪	34	33	33	15～20
土粪	65	25	10	15～20
炕土	75	15	10	12～15
人粪	75	15	10	10～12
人尿	100	0	0	5～10
马粪	40	35	25	15～20
羊粪	45	35	20	15～20
猪粪	45	35	20	15～20
牛粪	25	40	35	15～20
鸡粪	65	25	10	10～15
生骨粉	30	35	35	15天左右
草木灰	75	15	10	15天左右
硫铵	100	0	0	3～7天
硝铵	100	0	0	5天左右
氨水	100	0	0	5～7
尿素	100	0	0	7～8
过磷酸钙	45	35	20	8～10

附录C：几种常用化肥性质和应用时的注意事项

1. 氮肥

（1）尿素　含氮量45%～46%；白色或淡黄色针状结晶（或

颗粒），吸湿性较强，氮的形态为酰胺态。肥效稍慢于硝酸铵，含氮量较高，不宜作种肥用。

（2）硫酸铵　含氮量20%～21%；白色结晶，生理酸性，有吸湿性，易溶于水，氮的形态为氨态，不可与石灰、草木灰混合使用，在酸性土地区使用应注意土壤酸化问题，在碱性土地使用应注意盖土，以防氨的挥发。

（3）硝酸铵　含氮量32%～35%；白色结晶，有吸湿性和爆炸性，结块时不可密闭猛击，氮的形态为氨—硝酸态；易受潮结块，应该用一袋开一袋，如一袋用不完，应放在桶或缸内，加盖防潮。所含硝态氮不能被土壤胶体吸附，容易流失，不应与碱性肥料混合。

（4）碳酸氢氨　氮量17%；白色结晶，有吸湿性，常温下（10～40℃）随温度的提高而加快分解，常压下69℃可全部分解。易挥发，不宜在温室用，以免灼伤作物；用作追肥时要求深施盖土。

（5）氯化铵　含氮量25%～26%；白色或淡黄色结晶，粉末或粒状，吸湿性大于硫酸铵，而小于硝酸铵，易溶于水，氮的形态为氨态。不可与石灰、草木灰等混合，不宜在盐碱土上使用，不宜作种肥。不适于烟草、甘薯、马铃薯、葡萄、果树、葱等忌氯作物。

（6）石灰氮　含氮量20%～22%；黑色或暗灰色极细的粉末，有吸湿性，吸湿后体积膨大，质量降低，有毒；氮的形态为酰铵态。在土壤中未充分转化时会产生氰胺毒死种子。如作基肥应在播种前半月施用，如作追肥可先加10倍土混合堆积，20天以后施用。碱性土不宜用。

2. 磷肥

（1）过磷酸钙　含磷量14%～20%；灰白色粉末，稍有酸味，酸性，易与土中钙、铁等元素合成不溶性盐。不宜与碱性肥料混合贮存，酸性土要先施石灰，6～7天后再施用。最好与有机肥拌和后作基肥用。

（2）重过磷酸钙　含磷量36%～52%；性质与注意事项与过磷酸钙同。

（3）磷矿粉　含磷量14%～36%；灰褐色粉末，其中大部分的磷酸根很难溶解于弱酸，一般只有3%～5%的磷酸溶于柠檬酸，其余迟效部分可逐步转化为作物吸收。宜在酸性土壤中施用。在石灰性土壤上施用时，要与土充分混合。由于肥效慢，宜作基肥用，或与有机肥堆沤后使用。

（4）钙镁磷　含磷量16%～18%；灰褐色或绿色粉末，含有可溶于柠檬酸的磷酸约14%～20%，碱性肥料，不吸湿，易保存，运输方便。用作果树基肥好。适用于酸性土壤。

（5）钢渣磷肥（汤姆斯磷肥）　含磷量5%～14%；不溶于水，能溶于2%的柠檬酸中。宜在酸性土壤中施用。因肥效慢，不宜作追肥，宜作基肥，但要与有机物混合堆制，深施在果树根系土层中效果较好。

3. 钾肥

（1）硫酸钾　含钾量48%～52%；白色结晶，易溶于水，吸湿性较小，贮存时不结块，稍有腐蚀性，生理酸性。可作基肥、追肥用。

（2）硝酸钾　含钾量45%～56%；纯品为白色结晶，有助燃性，不宜存放在高温或有易燃品的堆放。可作基肥或追肥用。

（3）氯化钾　含钾量50%～60%；白色结晶，工业品略带黄色，易溶于水，生理酸性。可作基肥或追肥用。

4. 复合肥

（1）磷酸一铵　主要成分$NH_4H_2PO_4$；含氮量11%～12%，含磷量52%。

（2）磷酸二铵　主要成分$(NH_4)_2HPO_4$；含氮量16%～18%，含磷量46%～48%。

（3）磷酸铵　主要成分$NH_4H_2PO_4+(NH_4)_2HPO_4$；含氮量

18%，含磷量46%。

（4）液体磷酸铵　主要成分$NH_4H_2PO_4$+（NH_4）$_2HPO_4$；含氮量6%~8%，含磷量18%~24%。

（5）磷酸二氢钾　主要成分KH_2PO_4；含磷量52%，含钾量34%。

（6）偏磷酸钾　主要成分KPO_3；含磷量60%，含钾量40%。

（7）硫酸铵　主要成分（NH_4）$_2SO_4$+$NH_4H_2PO_4$；含氮量20%，含磷量20%。

（8）尿磷铵　主要成分CO（NH_2）$_2$+$NH_4H_2PO_4$；含氮量20%，含磷量26%。

（9）硝酸钾　主要成分KNO_3；含氮量13%，含钾量46%。

（10）硝酸磷肥　主要成分硝铵、磷酸二钙、磷酸一铵；含氮量18%，含磷量12%。

5. 微量元素肥料

（1）硼肥　种类有硼酸、硼砂、硼镁肥。宜与有机肥混合施用，也可以把硼肥和磷肥混合制成颗粒肥料施用或用作根外追肥。施用浓度硼酸0.025%~0.10%，硼砂0.05%~0.20%，硼镁肥0.25%。

（2）锰肥　有硫酸锰；为粉红色结晶，含锰24.6%，溶于水，施用后能直接被作物吸收，可作基肥或追肥。根外追肥浓度0.06%~0.08%，为了减少烧叶现象，配制溶液时常加0.15%熟石灰。

（3）铜肥　种类有硫酸铜和黄铁矿渣。硫酸铜为蓝色结晶，溶于水，含铜25.9%，一般作基肥时每公顷22.5~30千克，也可用作根外追肥，浓度0.01%~0.02%。黄铁矿渣是制硫酸后的残渣，含铜0.5%左右，作基肥时每公顷450~600千克，施一次肥效可达3~4年。

（4）锌肥　硫酸锌，含锌40.5%，能溶于水，可作基肥或追肥，作根外追肥浓度0.05%~0.15%。可防治小叶病。

（5）钼肥　钼酸铵，含钼50%，根外追肥用浓度0.02%。

主要参考文献

郝艳宾，王贵．2008. 核桃精细管理十二个月．北京：中国农业出版社．

吕赞韶，王贵，等．1993. 核桃新品种优质高产栽培技术．太原：山西高校联合出版社．

王贵等．2004. 干旱丘陵区整地栽培核桃的效果．落叶果树，（3）．

王贵等．2008. 核桃新品种“晋香”．园艺学报，(3）．

王贵等．2008. 我国核桃标准化生产的若干问题．昆明：云南科学技术出版社．

吴国良，段良骅．2000. 现代核桃整形修剪图解．北京：中国林业出版社．

郗荣庭，刘孟军．2005. 中国干果．北京：中国林业出版社．

原双进，刘朝斌．2005. 核桃栽培新技术．杨凌：西北农林科技大学出版社．

中华人民共和国国家统计局编．2009. 中国统计年鉴 2009. 北京：中国统计出版社．

图9-2　采收核桃的振荡器

图9-3　将散落的核桃集中成垄的收集机

图9-4　核桃收果机

图9-5　新疆农业科学院研制的核桃脱青皮机

图9-7　美国核桃清洗及人工再挑选生产线

图9-8　屋顶晾晒核桃

图9-9　云南大理州研制的小型烘干机
(杨源提供)

图9-10　美国核桃的机械干燥

图4－1　核桃种子分级（左为大核桃，右为小核桃）

图4–4　种子播种时放置方式

图4–9　芽接苗（左图为6月芽接第二年8月生长状，右图为当年6月芽接8月生长状）

图4－11　苗木假植

图 8–1　核桃举肢蛾

图 8–2　核桃横沟象危害状

图 8–3　核桃腐烂病

图 8–4　核桃黑斑病

图 8–5　核桃炭疽病

图9–1　成熟的核桃

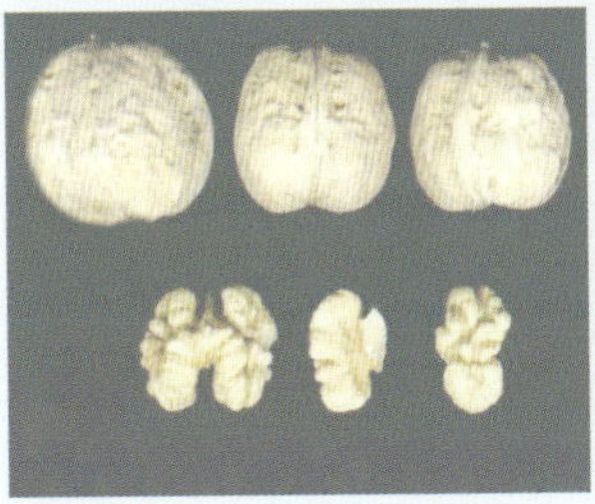

图 3-13　中林1号坚果

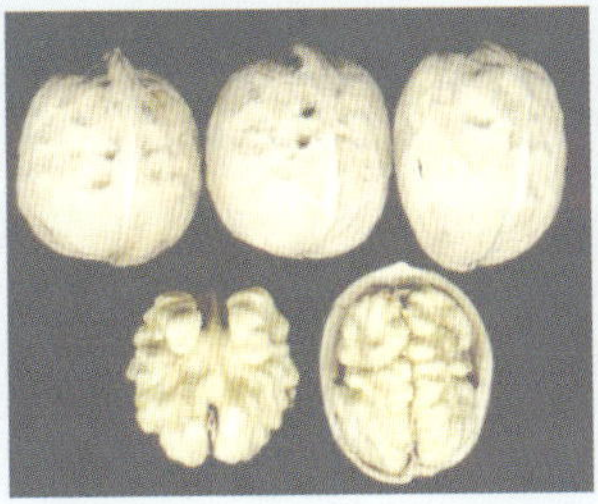

图 3-14　中林3号坚果

图 3-15　扎343坚果

图 3-16　西扶1号坚果

图 3-17　薄丰坚果

图 3-18　京861坚果

图 3-19　西林2号坚果(刘朝斌提供)

图 3-20　晋香坚果

图3-21　金薄香1号坚果(陈恩明提供)

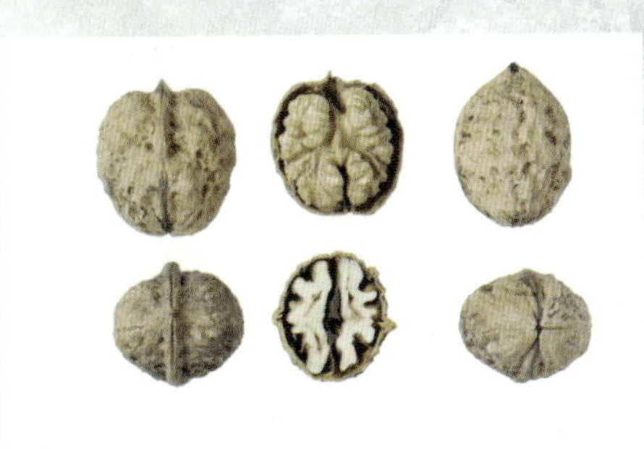

图3-22　云新1号

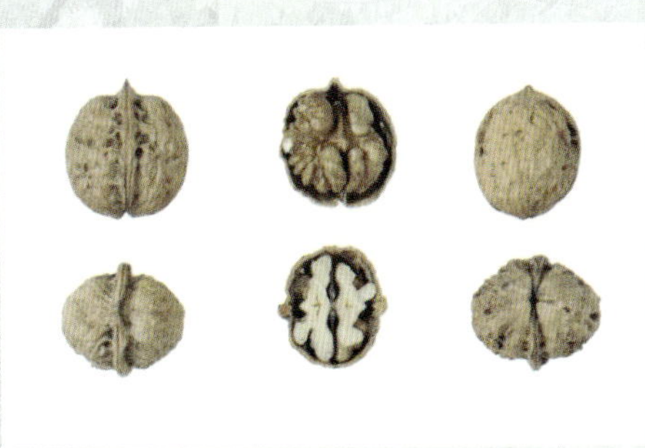

图3-23　云新2号

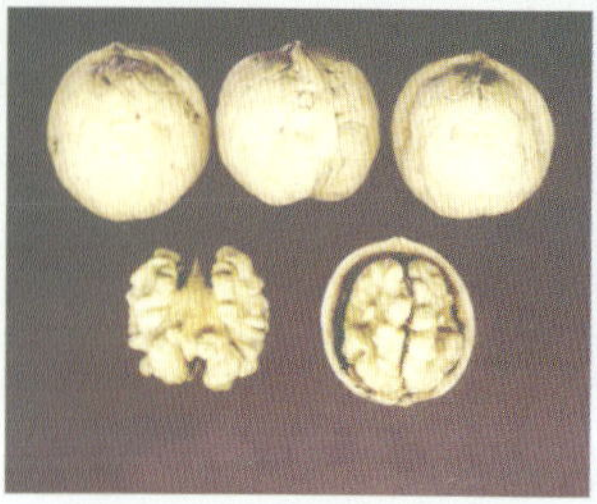

图 3-1 晋龙1号坚果

图 3-2 晋龙2号坚果

图 3-3 西洛3号坚果

图 3-4 礼品2号坚果

图 3-5 清香坚果(张志华提供)

图 3-6 漾江1号坚果(杨源提供)

图 3-7 香玲坚果

图 3-8 鲁光坚果

图 3-9 岱香坚果

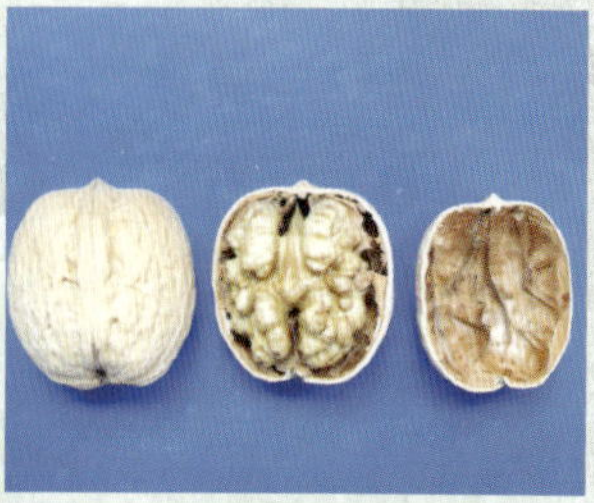

图 3-10 鲁果2号坚果

图 3-11 辽宁1号坚果

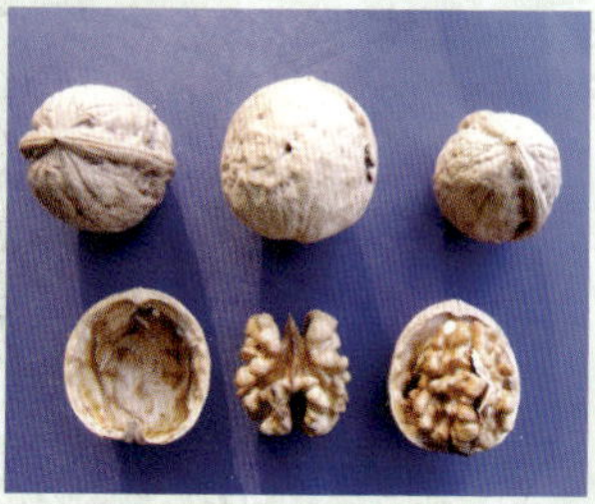

图 3-12 寒丰坚果(刘广平提供)